上海市河道规划设计导则

SHANGHAI
RIVER
PLANNING&DESIGN
GUIDELINES

上海市规划和自然资源局
Shanghai Urban Planning and Natural Resources Bureau
上 海 市 水 务 局
Shanghai Water Authority
上海市城市规划设计研究院
Shanghai Urban Planning and Design Research Institute

主 编
Ed.

U0338952

同济大学出版社
TONGJI UNIVERSITY PRESS

序言

　　《上海市城市总体规划（2017—2035）》（简称"上海2035"）提出"基本建成卓越的全球城市，令人向往的创新之城、人文之城、生态之城，具有世界影响力的社会主义现代化国际大都市"的发展目标，对上海推动自身高质量发展，创造高品质生活提出了更高的要求。在新形势下，河道的建设和整治不仅关系到城市面貌的提升，更是彰显城市文明，体现城市精神的重要手段。河道及沿河陆域环境整治不仅是建设"生态之城"的重要内容，更是重塑城市空间以及落实生态文明、城市治理、城市更新、海绵城市等发展理念的重要载体。

　　2016年10月，习近平总书记在中央全面深化改革领导小组第二十八次会议上强调："保护江河湖泊，事关人民群众福祉，事关中华民族长远发展。全面推行河长制，目的是贯彻新发展理念，以保护水资源、防治水污染、改善水环境、修复水生态为主要任务，构建责任明确、协调有序、监管严格、保护有力的河湖管理保护机制，为维护河湖健康生命、实现河湖功能永续利用提供制度保障。要加强对河长的绩效考核和责任追究，对造成生态环境损害的，严格按照有关规定追究责任。"

　　根据2016年12月中共中央办公厅、国务院办公厅印发的《关于全面推行河长制的意见》及上海市政府发布的《关于本市全面推行河长制的实施方案》《关于进一步深化完善河长制落实湖泊湖长制的实施方案》等要求，上海市委市政府在部署落实全市中小河道整治工作会议上提出，上海因水而生、依水而兴，水环境是最重要的发展基础之一，是检验城市管理水平的关键之一，必须把提升水环境质量放在全市工作大局中，突出强调，统筹谋划。要确定目标，综合施策，全力以赴打好城乡中小河道综合整治攻坚战，以实实在在的水环境治理成果回应广大人民群众的期盼。

　　2018年8月，上海市委书记、总河长李强明确提出，要推动上海水环境实现根本性好转，兑现对全市人民的庄严承诺。上海市市长、总河长应勇多次强调，水环境的治理，必须坚持水岸联动，多措并举的原则。为落实两位总河长提出的目标要求，需统筹规划水务、环境、交通、农业等各方面的管理，引导河道及沿河陆域进行整体规划设计，促进河道及沿河陆域生态建设、涉水功能性设施设计、滨水空间发展等的创新转变，使社会各方达成共识，实现河道与城市发展有机共生。

　　时至今日，上海各级河长全部就位，全市中小河道整治取得巨大的成绩，河道治理将由"攻坚战"转入"持久战"。

FOREWORD

Shanghai Master Plan（*2017—2035*）（hereinafter referred to as "Shanghai 2035"）has put forth the blueprint of "basically building into an excellent global city, an admirable city of innovation, humanity and sustainability as a modern socialist international metroplis with world influence", which has set a higher goal of achieving high-quality development and a high-quality life. Under the new situation, river construction and governance not only influences a city's appearance, but also showcases a city's civilization. It manifests Shanghai's spirit of putting people first. Environmental governance of river and riverfront land not only facilitates "eco-city" construction, but also reshapes urban space; meanwhile, it provides support for the implementation of development concepts of ecological civilization, urban governance, urban renewal, sponge city, etc.

In October 2016, the CPC General Secretary Xi Jinping stressed at the 28th Meeting of Central Leading Group for Comprehensively Deepening Reforms, "Protecting rivers and lakes is closely associated with people's well-being and long-term development of Chinese nation. We launch river chief system in order to implement new development ideology, protect water resources, prevent water pollution, improve water environment and restore water ecology and establish administration & protection mechanism for rivers and lakes that has clearly defined responsibilities, effective coordination, rigorous supervision and strong protection. In this way, we can provide institutional guarantee for protecting healthy lives in rivers and lakes and achieving sustainability. We should strengthen river chiefs' performance appraisal and accountability and hold offenders liable for acts of damaging ecological environments."

According to "The Opinion on Comprehensively Promoting the River Chief System" issued by the General Office of the CPC Central Committee and State Council in December 2016, "Implementation Plan for Comprehensively Promoting River Chief System in Shanghai" and "Implementation Plan for Further Deepening River Chief System and Implementing Lake Chief System" released by Shanghai municipal government, the municipal party committee and municipal government of Shanghai pointed out at the work meeting of small-and-medium-sized river governance, "Shanghai is sustained and nourished by waters, so water environment is one of the most important foundations for its development and a key indicator of measuring urban management, so we should make the improvement of water environment quality part of Shanghai's work and set out comprehensive plan. We should set a goal and take comprehensive measures for small-and-medium-sized river governance in rural and urban areas and bring environmental benefits to people."

In August 2018, Mr. Li Qiang, Secretary of Shanghai Municipal Party Committee and General River Chief, pointed out, "We will achieve radical change for Shanghai's water environment and fulfill solemn commitment to our people." Mr. Ying Yong, Mayor of Shanghai and General River Chief repeatedly emphasized, "The governance of water environment should stick to the principle of joint operation and simultaneous action." To implement the objective requirements put forth by the two general river chiefs, we should carry out overall planning and multi-faceted administration in water affairs, environment, transportation and agriculture, provide overall planning & design guidance for rivers and riverfront land, promote their ecological construction, water-related functional facility design and innovations in waterfront space development, reach a consensus among all parties and achieve harmonious co-existence of rivers and urban development.

So far, each level of river chiefs is in place in Shanghai, and great success has been attained in small-and-medium-sized rivers across the city. The tough battle of river governance will turn into a protracted war.

目录
CONTENTS

引言
INTRODUCTION

贯彻落实党的十九大和中央城市建设工作会议精神，推进城市治理和城市更新，结合新一轮总规的发展目标，深入贯彻上海市委、市政府提出的"不折不扣落实'上海2035'"的工作要求，总结各区中小河道整治工作、黄浦江滨江贯通工程和苏州河环境综合整治工程的经验做法，借鉴国际理念经验，提出上海城乡河道规划、设计、建设、管理、运维的思路、方法和机制，进一步提升水岸空间品质、丰富河长制内涵。

We should implement the spirit of the 19th CPC National Congress and the Central Urban Work Conference, promote urban governance and urban regeneration, follow new development objectives set out in the Master Plan, carry out work requirements of "resolutely implementing 'Shanghai 2035'" by municipal party committee and municipal government, sum up experience and measures of small-and-medium-sized river governance work in each district, waterfront connection project of the Huangpu River, comprehensive environmental governance project of the Suzhou River, learn international ideas and experience, come up with ideas, methods and mechanism for Shanghai's river planning, design, construction, management, maintenance and operations in rural and urban areas and further improve waterfront space quality and broaden the connotation of river chief system.

1. 编制目的
Purpose

秉承上海市中小河道"生态为先、安全为重、人民为本、文化为魂"的规划建设基本思路，落实"水陆统筹、水岸联动、水绿交融、水田交错"的基本原则，开展上海市河道及沿河陆域规划、设计、建设、管理、运维等的全周期导则研究。明确上海市河道建设的目标、理念和基本设计要求，统筹协调各类相关要素；严守城市安全底线，重塑河道在城市格局中的生态、社会、人文效应，助力上海创新之城、人文之城、生态之城的建设，对规划、设计、建设、管理、运维等进行引导，促进上海市河道及沿河陆域水岸联动，协调发展。

2. 适用范围
Application range

全市范围内的河道（包括湖泊洼淀、人工水道、河道沟汊）及沿河陆域。陆域空间范围原则上为沿河第一街坊。

3. 思路转变
Transformation

■ **规划理念: 由"主要重视安全保障"向"全面构建复合功能"转变**
Planning concept: from "focusing on safety guarantee" to "creating integrated functions"

在严守城市安全底线的基础上，注重发挥中小河道的海绵调蓄功能，增强城市防汛排涝能力，尊重沿河陆域空间的历史文化肌理，发掘沿河景观游览、公共活动、开放共生的内在潜力，从以人为本的角度出发，有序打造并实现河道及沿河陆域水上旅游、公共交流、滨水景观的复合功能。

■ **总体内涵: 由"生产、生活基本功能"向"生产、生活、生态综合功能"转变**
General connotation: from "basic functions of production and living" to "integrated functions of production, living and ecology"

从生产型岸线向生活生态型岸线转变，不断盘活资源，鼓励河道及其沿河陆域的转型发展，打造沿河公共开放空间，构建高品质水岸环境。体现生态宜居、开放多元的城市魅力，提升河道及沿河陆域对城市的服务能力。

■ **统筹范围: 由"水域本体"向"水陆统筹"转变**
Overall planning scope: from "waters" to "waters and land"

从只关注水域本身建设到关注水陆一体化建设转变，强调水陆统筹、水岸联动、水绿交融、水田交错。以各级河长为第一责任人，统筹协调规划、水务、绿化、交通、环保等部门，全面部署，解决河道及沿河陆域的规划、设计、建设、管理与运维等问题。

■ **设计思路: 由"水利工程设计"向"整体空间设计"转变**
Design idea: from "hydraulic engineering design" to "overall space design"

河道及沿河陆域作为城市多种功能的承担载体和城市生活交往的活动空间，其规划和建设要从只注重工程设计到整体空间一体化转变。不仅要考虑河道的等级、功能、水位变化、流速及流量等水利工程要求，更应强调以人为本，努力做到城水相融、人水相依，提升上海国际化大都市的滨水景观品质。

4. 适用对象
Target readers

本导则的适用对象为与河道及沿河陆域规划、设计、建设、管理、运维相关的管理者、设计师、建设者和市民。管理者主要包括各级河长、湖长，规划资源、水务、生态环境、住建、交通、农业农村、绿化市容等政府相关部门的管理人员；设计师主要包括规划师、水务工程师、城市设计师、建筑师、景观设计师等。

5. 设计要素
Design elements

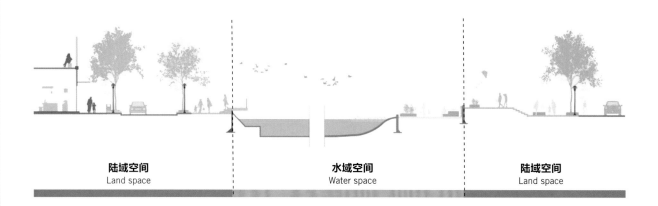

陆域空间
Land space

水域空间
Water space

陆域空间
Land space

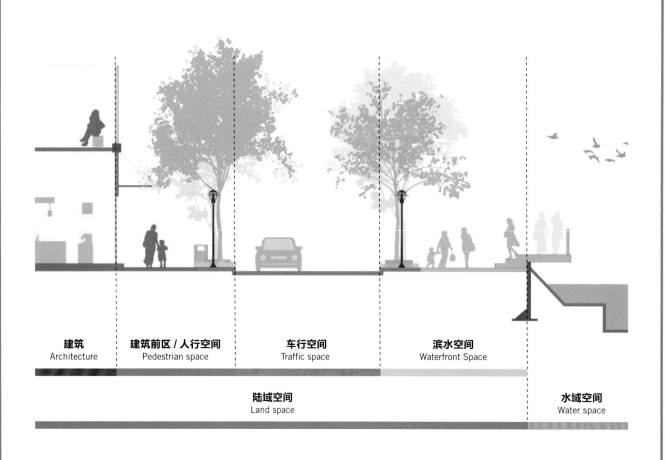

建筑
Architecture

建筑前区 / 人行空间
Pedestrian space

车行空间
Traffic space

滨水空间
Waterfront Space

陆域空间
Land space

水域空间
Water space

1

历史与现状
HISTORY AND PRESENT

第一章 CHAPTER 1
上海河网水系变迁
EVOLUTION OF SHANGHAI RIVER SYSTEM

第二章 CHAPTER 2
河道及沿河陆域分类
TYPES OF RIVERS AND WATERFRONT LAND

第三章 CHAPTER 3
河道规划建设理念与导向
CONCEPTS AND ORIENTATION OF RIVER
PLANNING AND CONSRUCTION

第一章

上海河网
水系变迁

CHAPTER 1
EVOLUTION OF SHANGHAI
RIVER SYSTEM

上海是一座依水而生、因水而兴的城市，河网密布，具有典型江南水乡的特点。经过多年的发展变迁，上海已经建成分片治理、人工调控的河网水系。至 2017 年，上海有 43 000 多条河道，全市河湖水面率达到 9.79%。

Sustained and nourished by waters, Shanghai is a typical water city in East China. After years of development, Shanghai has established divided water conservancy areas for regional regulation. In 2017, Shanghai had more than 43,000 rivers and its water surface ratio of rivers and lakes reached 9.79%.

1. 上海河网水系演变
Evolution of Shanghai river system

上海地处长江下游平原的最东端，由长江江阴以下河口三角洲发育和发展形成，是长江三角洲前缘典型的冲积平原。境内河网水系受潮汐、气象及上游径流影响较大，河道水流呈往复流状态，具备典型的河口感潮河网特征。

"欲兴国，必治水"，上海在尽享水土膏腴和舟楫便利的同时，亦深受洪、潮之苦。数千年来，为了城市安全及发展，兴塘筑堤，浚河置闸，开埠建港。

上海河道水系与文化起源
Shanghai river system and cultural origin

上海河网
水系演变
Evolution of Shanghai river system

公元前 221 年（秦）
221 BC（Qin Dynasty）

公元 2 年（西汉）
2 AD（Western Han Dynasty）

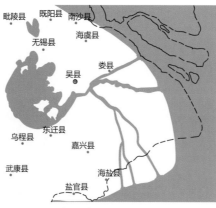

公元 382 年（东晋）
382 AD（Eastern Jin Dynasty）

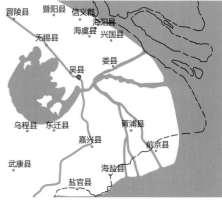

公元 546 年（南朝梁）
546 AD（Liang Dynasty）

现状海岸线（2017 年）

公元 1111 年（北宋）
1111 AD（Northern Song Dynasty）

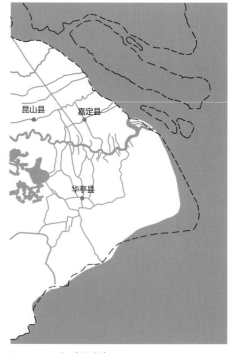

公元 1217 年（南宋）
1217 AD（Southern Song Dynasty）

公元 140 年（东汉）
140 AD（Eastern Han Dynasty）

公元 262 年（三国）
262 AD（Three Kingdoms Period）

公元 282 年（西晋）
282 AD（Western Jin Dynasty）

公元 612 年（隋）
612 AD（Sui Dynasty）

公元 751 年（唐）
751 AD（Tang Dynasty）

公元 954 年（五代十国）
954 AD（Five Dynasties and Ten Kingdoms）

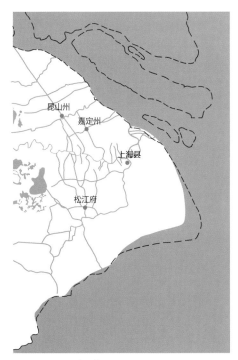

公元 1330 年（元）
1330 AD（Yuan Dynasty）

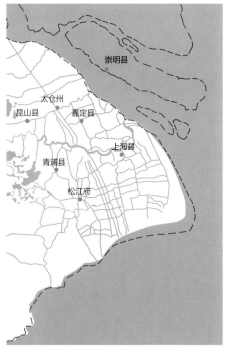

公元 1617 年（明）
1617 AD（Ming Dynasty）

公元 1763 年（清）
1763 AD（Qing Dynasty）

案例分析："黄浦夺淞"

Case: "Huangpu River Prevails over Wusong River"

"黄浦夺淞"示意图：改道前 　　　　　　　　"黄浦夺淞"示意图：改道后

明代以前，吴淞江曾是太湖的主要出海通道，黄浦江（鸦片战争前名"黄浦"）是其支流。当时的吴淞江下游大致从北新泾经今曹杨新村至潭子湾向东北接虬江路至虬江码头，再沿今复兴岛以北段黄浦江出大跄浦口（后改称吴淞口）汇入长江。而当时的黄浦原经上海浦（今虹口港）在今嘉兴路桥附近流入吴淞江（此处曾称黄浦口）。

明初时，因吴淞江淤浅严重，黄浦口淤塞不通，当时的户部尚书夏原吉疏浚吴淞江南北两岸支流，引太湖水入浏河、白茆直注长江（"掣淞入浏"）。明永乐元年（公元 1403 年），夏原吉征用民工 20 万，

疏浚上海县城东北的范家浜（即今黄浦江外白渡桥至复兴岛段），使黄浦从今复兴岛向西北流至吴淞口注入长江，此后吴淞口实际成了黄浦口。

开通范家浜后，其河面阔三十丈（100 m），长一万二千丈（40 km），新老河道共同形成了黄浦江的雏形。此后众水汇流，水势湍急，不浚自深，河口不断扩大为"横阔头二里（1 km）余"的大河。从此，形成了长江水系中最年轻、离长江口最近的一级支流——黄浦江。而原来的吴淞江反而成了黄浦江的支流，故有"黄浦夺淞"之说。

案例分析：上海河道水系概述

Case: Overview of river system in Shanghai

河道水系是生态环境的载体，也是江南水乡的特色，更是上海的城市名片。

上海地处长江下游平原的最东端，太湖流域的最下游，是长江三角洲前缘典型的冲积平原，名副其实的东海之滨，长江之口。上海的简称"沪"，别称"申""歇浦""云间"等均与上海的水有关。

太湖流域现状河道分布示意图

历史上的吴淞江是太湖流域主要的排水通道，也是一条重要航道。但随着海岸线东移以及上游水量减少，吴淞江日趋萎缩。元代曾试图恢复吴淞江，但终以失败告终。明永乐年间提出"掣淞入浏"和"以浦代淞"的治水方案，导吴淞江水经浏河出海，并新开黄浦江。到明中叶，黄浦江逐渐取代吴淞江，成为太湖下游重要的泄水通道，并最终演变成为上海的母亲河，吴淞江则逐渐成为黄浦江的支流。

随着上海城市发展建设，河网水系发生了很大的变化。据统计，至1950年有记载的中心城区河道消失88条，总长度超过222km。到2003年，中心城区河道消失超过220条，总长度超过300km。

20世纪七八十年代，上海确定了水利分片治理的思路，开始大规模梳理、开挖和控制地区河网，先后整治开挖了淀浦河、大治河、川杨河、蕰藻浜、油墩港、太浦河等骨干河道和众多中小河道，建设了一批控制性水闸工程，基本形成了有纲有网、能控能调的水系网络。

2000年至今，上海陆续新开了崇明环岛运河、浏马河、宣六港、三团港、外环西河等一大批骨干河道，同时进一步巩固疏浚拓宽了其他河道，逐步形成了上海目前的河道网络。经过多年的建设，上海已经建成分片治理、人工调控的河网水系。

2. 上海河道现状概况
Current situation of river course in Shanghai

根据《2017年上海市河道（湖泊）报告》，2017年全市河道43 253条，总长度28 714.47 km，河道总面积497.53 km^2，湖泊39个，湖泊面积72.53 km^2，其他河湖5 047条（个），面积约50.92 km^2。全市河湖面积总计620.98 km^2，河湖水面率达9.79%。

按照"水岸联动、截污治污，沟通水系、调活水体，改善水质、修复生态"的治水思路，至2017年底，完成了1 864条段、1 756 km中小河道整治，实现了全市中小河道"基本消除黑臭、水域面积只增不减、水质有效提升、人居环境明显改善、公众满意度显著提高"的整治目标。但对于"卓越的全球城市"的城市发展目标，上海河道及沿河陆域在"水岸联动"上仍有提升的空间。

现有河道功能相对单一，与滨水两岸功能契合度有待完善，河道生态景观品质及休憩功能较弱；河道水体质量不稳定，局部河道连通性较弱，水域及陆域环境质量亟待进一步提升；河道及沿河陆域区域建设整治相对滞后，河道规划、建设及管理理念和标准与发达国家尚有差距，区域建设的统筹协调性尚待加强。

为保持前一阶段中小河道整治后的"水清岸绿"，实现市委市政府提出的"水岸联动"整体目标，在未来上海中小河道的整治过程中需由水域到陆域、由水质达标治理向河道及沿河陆域综合整治、由线性施策向综合施策进行转变。

江苏省

浙江省

★ 市政府　　◎ 区（县）政府　　------ 省（市）界　　------ 区界　　■ 市管河道　　■ 区管河道　　■ 镇村级河道

上海现状河道分布示意图
Distribution of present rivers in Shanghai

3. 面临的机遇与挑战
Opportunities and challenges

21 世纪以来，上海与发达国家城市一样面临着如何提高城市竞争力和资源配置能力的问题。如何塑造具有文化魅力、生态价值和景观特色的社会主义现代化国际大都市成为上海发展面临的重要议题。

要成为全球化时代中最具竞争力的城市之一，上海既要链接全球网络（流通空间），又要塑造地方特质（场所空间）。在此过程中，河道与滨水岸线将发挥极其重要甚至是不可替代的作用。根据国际大都市的最新发展趋势，城市中心、滨水地带和历史街区是后工业时代中城市建成环境的三个主体板块。在许多情况下，滨水地带往往位于城市中心部位，并且拥有丰富的工业建筑遗产和独特的滨水景观环境。20 世纪 70 年代以来，国际大都市的滨水地带开始经历转型和再生过程，昔日工业化的河道两岸开始转变为居住、工作、休闲一体化的后工业场所，重塑了河道与滨水地带的生态景观以及休憩活动等功能。

黄浦江和苏州河（即"一江一河"）及其沿岸地区是上海核心功能的承载区、标志性的城市空间、重要的生态廊道，是上海近代金融贸易和工业的发源地。一江一河作为上海的母亲河，其自身的转型发展对于全市河道的更新和治理是具有示范意义的。

上海自开埠以来，黄浦江、苏州河承担了重要的航运和产业功能，促进了工商业的兴起；20 世纪 80 年代，苏州河开始综合治理，沿岸开始进行成片的旧区改造；21 世纪伊始，随着城市产业结构调整、传统制造业转移以及内港外迁，黄浦江启动了两岸综合开发；历经十多年的发展，黄浦江、苏州河及其沿岸地区正从以工业、仓储码头等为主的生产性区域，逐步转变为商业、办公、休闲等功能复合的服务于人民的公共开放空间。

主要体现在：一、产业布局调整成效显著，总部办公等高端商务功能正加速集聚，旅游观光功能逐步增强，初步实现沿河陆域功能由生产型向综合服务型转变的发展目标，滨水区域逐渐回归城市生活；二、生态环境逐步优化，持续建设沿河绿地系统和开放空间，其中不乏对湿地、林地等不同生态群落形式的探索，使滨水区域生态环境得到显著恢复和提升，通过水体整治、土壤治理和防汛墙多样化改造等措施，很大程度上修复了水与岸的自然生态联系，提升了滨水区域的生态安全防护水平；三、空间品质明显改善，自黄浦江、苏州河两岸公共空间贯通工程开展以来，黄浦江两岸杨浦大桥至徐浦大桥 45 km 岸线贯通基本实现，苏州河两岸黄浦江河口至外环线 42 km 岸线中已贯通约 26.7 km，逐步形成开放共享的公共休闲岸线；四、基础设施建设同步加速提升，桥梁、隧道、地铁等跨江跨河交通成网成片，沿河通道和垂河通道通行状况大为改善，滨水空间的可达性与两岸功能交互日益增强；五、历史保护与开发建设并行，滨水面貌重焕风采，黄浦江、苏州河沿岸许多历史建筑和工业遗产在土地转型过程中得以保留、修复、改造和利用，为上海市民提供了工作、居住、休闲的新环境。

正如同伦敦、纽约、悉尼、汉堡、芝加哥等国际大都市滨水地区经历过的转型和再生实践，上海的发展需要寻找更多聚焦点，有计划地改造都市滨水区，通过对河道及沿河陆域空间、环境、历史、文化、景观的综合开发，促进城市滨水区由码头、工业区转变为人文、社会、经济多重功能复合区，大幅度提升城市魅力。结合国家倡导的"城市治理""城市更新""海绵城市"和新一轮总规"上海 2035"中"恢复河道水网，市域河湖水面率不低于 10.5%"的总体要求，上海河道规划与建设未来还有很大的提升空间。

第二章
河道及沿河陆域分类

CHAPTER 2
TYPES OF RIVERS AND
WATERFRONT LAND

上海市政府于 2012 年批复《上海市骨干河道布局规划》，骨干河道在城乡防汛安全保障、生态环境改善和内河航运建设中发挥重要作用。

The municipal government approved "The Core River Layout Planning in Shanghai" in 2012. Core rivers play an important role in preventing floods, improving ecological environment and inland water transportation construction in urban and rural areas.

1. 河道等级分类
River grade

根据河道在引排水、航运、生态景观中的作用划分为骨干河道（主干、次干）和支级河道。

According to a river's functions in diversion and drainage, navigation and eco-landscape, they can be divided into core rivers (main river, primary tributary) and secondary tributaries.

■ **骨干河道（主干、次干）** Core rivers（main rivers, primary tributaries）

骨干河道在城乡防汛安全保障、生态环境改善和内河航运建设中发挥重要作用，市政府批复同意市水务局、市规划自然局联合报送的《上海市骨干河道布局规划》（沪府〔2012〕41 号），明确构建由"1 张河网、14 个水利综合治理分片、226 条骨干河道"组成的总体规划布局。在 226 条骨干河道中，规划河道总长度约为 3 687 km。其中主干河道为 71 条，规划河道总长度约 1 823 km；次干河道 155 条，规划河道总长度约 1 864 km。

骨干河道规划控制要素包括：河口宽度、两侧陆域控制宽度、航道等级及生态景观要求等。

■ **支级河道** Secondary tributaries

骨干河道以外，在区域防洪除涝、城市排水、生态景观和联系主干与次干河道等方面起作用的河道。

宝山顾村生态一号河

青浦区青西郊野公园

2. 河道功能分类
Function

河道承担的功能包括引水、行洪、排涝、通航等。
River functions include diversion, flood discharge, flood drainage, navigation, etc.

引水功能： 引入清水，提供水源

行洪功能： 宣泄洪水，保障安全

排涝功能： 排除积水，消除内涝

通航功能： 船舶畅行，保障交通

奉贤区西渡口

河道等级与功能
River grades and functions

河道等级 River grades		水利功能 Functions	一般要求 General requirements
骨干河道 （湖） Core rivers (lakes)	主干河道（湖） Main rivers (lakes)	流域骨干河道、湖泊或区域主要的引排水通道	流域规划中确定的主要引排通道 横（纵）贯除涝面积大于 100 km² 水利片的河道 引（排）水口门的规划宽度一般 ≥ 8m "一环十射"航道 主干河道间距一般不小于 5 km（中心城区除外）
	次干河道（湖） Primary tributaries (lakes)	对主干河道起重要联系作用或对区域引水有重要作用的河道、湖泊	一般与主干河道间距不小于 2 km 若与外围河道接通，引（排）水口门的规划宽度一般 ≥ 6 m 横（纵）贯除涝面积小于 100 km² 水利片的河道
支级河道（湖） Secondary tributaries (lakes)		是骨干河道的细化和补充，有利于区域防洪除涝、城市排水、生态景观等，也是保证河网调蓄能力的重要组成部分	市域范围内其他起调蓄作用河道 间距 500 m～800 m

3. 河道区段分类
Zone

根据河道所处的区位、河道两侧腹地的功能、河道资源特色、历史资源等划分为五种类型河道（段）：公共活动型、生活服务型、生态保育型、历史风貌型及生产功能型。

According to river location and riverside hinterland functions, characteristics of river resources and historical resource endowment, rivers can be classified into five types i.e. for public activities, for life services, for ecosystem conservation, for historical landscape and for production.

■ **公共活动型河道（段）** River (section) for public activities

多分布在地区的核心区和中心区，以及具有特殊意义的区域，周边功能丰富、复合，兼具办公、商业、居住、艺术、文化等多重功能，且密度较高。单位面积内人的参与度高，人群种类丰富。空间布局大小不等，开放性强，多以硬质铺装的广场、平台等为主，局部绿化，同时局部兼具商业、文化、艺术等功能。

■ **生活服务型河道（段）** River (section) for life services

多分布在居住社区，周边功能以居住功能为主。单位面积内人的参与度较高，以周边生活的原住民为主。空间布局多狭小，以硬质铺装为主，兼具日常活动和交通等多重功能。

■ **生态保育型河道（段）** River (section) for ecosystem conservation

多分布在城市边缘、郊野地区。周边功能较少，以生态功能为主，兼具休闲旅游、科普教育示范等功能，单位面积内人的参与度较低。空间多开阔，以自然形态为主。

■ **历史风貌型河道（段）** River (section) for historical landscape

位于城市建成区，河道两侧主要布局有特色的保护保留建筑，强调以历史风貌保护为主的河道，兼顾文化、商业、游览等活动。单位面积内人的参与度较高。空间基本维持原有的历史风貌特点。

■ **生产功能型河道（段）** River (section) for production

针对工厂企业、货运码头等生产功能为主的河段，近期应在保证正常生产活动基础上，注重安全、环保、生态、市政等要求，远期应统筹考虑为规划编制和功能调整预留空间。

公共活动型河道（段）——苏州河梦清园

生活服务型河道（段）——普陀区朝阳河

生态保育型河道（段）——崇明区运粮河

历史风貌型河道（段）——松江区市河

生产功能型河道（段）——宝山区潘泾二期

第三章

河道规划建设理念与导向

CHAPTER 3
CONCEPTS AND ORIENTATION
OF RIVER PLANNING
AND CONSTRUCTION

未来上海河道应满足维护城市安全、促进生态平衡，满足交通运输、保证通航安全，延展公共空间、容纳公共活动，展示地区形象、传承地区文化等多元要求。

Shanghai's future rivers should satisfy diverse needs: maintaining urban safety and promoting ecological balance, ensuring transportation and navigation safety, extending public space for public activities, exhibiting local image and inheriting local cultures.

1. 上海河道规划建设理念与导向
Concepts and orientation of river planning and construction

■ 维护生态平衡，提高城市韧性
Maintain ecological balance and improve urban resilience

促进长三角区域和流域的生态系统平衡，为动物、植物提供合适栖息和生存环境，修复、修补城乡生态系统。保护好上海自身的生态资源，加强自然与人工的融合，推进城市的韧性建设，实现可持续发展。

■ 满足复合功能，保障城市安全
Satisfy multiple functions and ensure urban safety

河道是保障城市安全的重要元素，上海在迈向全球卓越城市的进程中，应充分发挥河道引水、行洪、排涝、航运等多重功能，促进上海水资源的积蓄、防洪排涝等系统良性运作，满足新时代航运要求，探索河道的城市公共交通作用，推动河道功能的复合多元化。

■ 延展公共空间，容纳公共活动
Extend space for public activities

河道作为重要的廊道空间，其水岸空间是区域公共空间的重要组成部分。河道的带状空间连接滨水的点状和面状空间，扩展并丰富区域空间的规模与功能。水岸空间中公共活动的丰富性和容纳性，决定了空间参与度和活跃度，是水岸空间至关重要的特质。高品质的水岸空间通常会融合亲水、休闲、运动、商业、文化等多重功能。

■ 展现景观魅力，传承地区文化
Showcase the charm of landscape and inherit local cultures

水岸空间提供了展示城市或地区特色形象的最佳场所和窗口，易形成地区标志性景观。传统的城市或地区以河流为空间发展脉络，流经处易形成风貌和文化集聚区域。水岸空间也易于串联历史和文化节点，成为承载和延续传统文化脉络的重要载体。

2. 目标与导引
Objectives and Guidelines

生态之河
Eco-River

在自然资源和空间资源紧约束的背景下，以河道建设、保护、管理为契机，保育特大型城市城乡生态基底。

安全之河
Safe River

将安全保障作为河道设计和建设的底线原则，以此为基础进一步拓展其多元复合功能。

锚固基底
Base consolidation

将河道作为城市发展的生态底线，锚固以河道为依托的市域生态空间。

完善网络
Network improvement

上海骨干河道总体构成为"1 张水网 +14 个水利片区 +226 条骨干河道"。

生态保育
Ecosystem conservation

提高生境异质性和生态亲和性，加强生态系统结构的稳定性。

通航安全
Navigation safety

航运是上海河道的重要功能之一，高等级航道形成"一环十射"网络布局。

水质提升
Water quality improvement

河道水质是滨水区域环境品质的基础，水质的提升需要陆域和水域的联动互补。

保障过流
Discharge guarantee

考虑河道的等级、功能、水位变化、流速及流量等，满足过流能力、河道河底及护岸安全性、河道生境多样性等要求。

海绵城市
Sponge city

落实海绵城市"自然积存、自然渗透、自然净化"的基本理念。

岸坡稳定
Bank slope stability

满足周边景观及河道安全运行的要求，选择经济适宜材质。

都市之河
Urban River

将河道作为展现上海国际化大都市独特魅力的重要空间载体，实现功能多元、空间开放、景观优美。

人文之河
Humanistic River

保护、延续和传承河道及两岸建筑风貌的历史和文化传统，布置公共设施，便于开展水上、岸上的休闲、娱乐及各种展演活动。

创新之河
Innovation River

以机制创新、管理创新和技术创新推进实施，加强自然资源统筹和智慧高效运维。支撑河长制，促进河长治。

城水相融
City-water integration

延续上海依水而生、因水而兴、水沛城兴的城市发展脉络，展现具有国际大都市特色的河道及沿河陆域建设。

人水相依
People-river interdependence

延续上海"城市依河而建、产业伴河而生、百姓临河而居"的传统文脉，进一步拓展新时代上海水文化的新内涵。

一河一策
One River One Policy

深入贯彻"河长制"，因地制宜实施"一河一策"，配合开展河道及沿河陆域建设评估，提升水岸环境品质。

开放可达
Openness and and accessibility

加强滨水空间的公共性，提高开放性、可达性和连通性。

延续风貌
Original style and features preservation

展现上海"江南水乡、枕水而居"的风貌特色。

资源统筹
Resource planning

贯彻集约节约、弹性管控、资源统筹的规划原则，统筹河道及沿河陆域建设目标及相关要求，创新指标核算方式，实施用地分类管理。

复合多元
Integration and diversity

腹地开放空间和滨水空间应复合设计，满足各类功能要求和活动需求。

丰富设施
Diverse facilities

相应设置满足生活和文化相关的各类配套设施。

智慧水务
Smart water service

积极引入智慧、新型的技术手段，实现河湖整治的综合施策，创新治理。

品质魅力
Attractive quality

提升滨水空间的场所感、景观性和艺术性，提高滨水设施的美观性。

精彩活动
Activity organization

依托滨水空间组织都市休闲和民俗活动。

2

目标与导引
OBJECTIVES AND GUIDELINES

第四章

生态之河

CHAPTER 4
ECO-RIVER

生态之河是上海生态之城的重要组成部分，是城市治理的重要抓手。树立生态为先的理念，在自然资源和空间资源紧约束的背景下，以河道建设、保护、管理为契机，保育特大型城市的城乡生态基底。

Eco-river is an important part of building Shanghai into an eco-city. Shanghai should establish the notion of "ecology first", take the opportunity of river construction, protection and management and preserve urban-rural ecological base of the megacity in the context of natural resource and space resource constraints.

目标一：
锚固基底

将河道作为城市发展的生态底线，锚固以河道为依托的市域生态空间，加强河道两侧生态空间的保育、修复和拓展，从城乡一体和区域协同的角度加强水系生态环境联防联治联控。

Objective 1:
Base consolidation

Make rivers the ecological baseline of city development, consolidate river-based urban ecological space, and strengthen the protection, restoration and extension of ecological space on both river banks and boost joint operation in ecological environment of water systems from the perspective of urban-rural integration and regional collaboration.

锚固生态空间
Consolidate ecological space

■ 突出河道在市域生态空间体系中的核心作用
Highlight key role of rivers in urban ecological space system

整体强化上海江、河、湖、海、岛等多要素叠合的地理环境特征，彰显水城共生的城市底蕴，进一步凸显上海拥江面海、枕湖依岛、河网交织、林田共生的自然山水格局。

锚固以河道为依托的生态空间，强化生态空间对市域空间结构和布局的硬约束，加强河道两侧生态空间的保育、修复和拓展，从城乡一体和区域协同的角度加强水系生态环境联防联治联控。

松江区大邱泾

构建生态网络
Build ecological network

■ **推进以骨干河网为骨架的市域生态廊道建设**
Promote the construction of urban ecological corridor based on core river network

把河道作为城市发展的生态底线,将河道连通、滨水绿化建设与林地种植、低效建设用地减量化相结合,优化水绿交融格局,构建市域生态骨架。

以黄浦江、吴淞江、金汇港、大治河等骨干河道为轴线,集聚林地、农田、水系等生态资源。增加公园、绿道等休闲空间,建设嘉宝、嘉青、青松、黄浦江、大治河、金奉、浦奉、金汇港及崇明等放射状、通畅性生态走廊。

串联生态资源
Link up ecological resources

■ **共建以水系为脉串联各级公园绿地的城乡生态保育区**
Jointly build urban-rural ecosystem conservation area by linking up water system-based green space in each level of parks

统筹河道及沿河陆域建设,以河道水系连通、滨水陆域贯通为路径,串联中心城、主城片区、新城、新市镇等区域内的各级公园绿地,结合漫步道、跑步道、骑行道等促进城市生态空间建设。

遵循自然水网脉络走向,注重自然水系生态环境修复,尊重和保护乡村肌理,整合和优化滨水农田、道路、林地等要素,构建"江南田园"乡村水生态系统。

依托河道水系,加强各类生态要素的融合发展,促进宝山、嘉定、青浦、黄浦江上游、金山、奉贤西、奉贤东、奉贤—临港、浦东、崇明等城乡生态保育区建设。

闵行区漕河泾港

金山区月亮湾

崇明东滩大道沿线景观一号河

浦东新区航头镇石家浜

崇明生态走廊

嘉宝生态走廊

嘉青生态走廊

青松生态走廊

黄浦江生态走廊

金奉生态走廊

大治河生态走廊

浦奉生态走廊

金汇港生态走廊

西沙　北湖　东平

陈家镇　东滩　东滩

陈行

青草沙　长兴

嘉宝

嘉北

青北

横沙　横沙岛

合庆

九段沙

川沙南

青松

青西

广富林

浦江

老港

松南

浦南　宣桥　滨海

枫泾

庄行　申隆　临港

张堰

海湾

廊下

漕泾

金山三岛

金山三岛海浮生态
自然保护区

杭　州　湾

大小洋山

| 长江口及近海湿地 | 生态保育区 | 生态走廊 | 主城区生态空间 |

| 郊野公园 | 水域 | 铁路 | 骨干路网 | 省市界 |

上海市域生态网络规划图
Shanghai Urban Ecological Network Planning

目标二：
生态保育

Objective 2:
Ecosystem conservation

通过建设柔性岸线、绿色护岸等方式，重塑河道生境，提高生境异质性和生态亲和性，加强生态系统结构的稳定性。

Reshape river habitat, improve habitat heterogeneity and ecological compatibility and boost the stability of ecosystem structure by building flexible shoreline and green revetment.

柔性岸线
Flexible shoreline

■ **通过模拟自然河道的走向形态，保持、恢复河道蜿蜒特性**
Maintain and restore winding river characteristics by simulating movement pattern of natural rivers

河道蓝线划定及河道整治总体应维持和修复自然景观格局，保持其局部弯道、深潭、浅滩、江心洲以及河滨带等自然景观格局多样性的特征。

市域骨干河道，应在满足防汛、排涝、行洪、水资源调度、通航等要求的前提下，尽量尊重其原有的走向形态；市域支级河道，应尽量保持或恢复其蜿蜒形态，不宜过度截弯取直，但规划河道水面面积、过水断面等对防洪排涝等使用功能有影响的指标不得减小。

生态景观河道在规划蓝线范围内，宜结合周边环境进行蜿蜒性设计，避免人工裁弯取直，河道不宜渠道化，宜有宽有窄，自然弯曲。

过度取直的骨干河道
Too straight core river

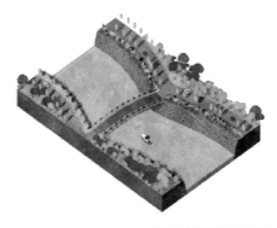

尊重原有线型的骨干河道
Respect original lines of core river

过度取直的支级河道
Too straight secondary tributry

尊重原有线型的支级河道
Respect original lines of secondary tributary

案例分析：普陀区横港河

Case: Henggang River in Putuo District

横港河道大致呈东西走向，西端经横港泵站入桃浦河，向东约 900 m 至富水路附近向北折 50° 左右通大场浦。工程范围为真金路以西河道，全长 1 153 m，河道中心线按规划布置，基本上采取沿原河疏拓方式，设计河道中心除局部有小角度折角外，基本上呈直线布置。

其中，局部河段与周边绿地结合设计，如在横港河道南岸至富水路之间建造面积约 1.97 万 m² 的公共绿地，又如在横港泵站及周边建设约 2 700 m² 公共绿地；局部河段在平面上扩大河口宽度，设置河中小岛，部分岸线改为蜿蜒曲线；对于直线岸段，调整墙前挺水植物的种植平面形态，形成曲线的视觉效果。

普陀区横港河

河道与周边公园绿地进行整体设计，局部扩大河口宽度，并利用水上绿植等形成柔性蜿蜒岸线。

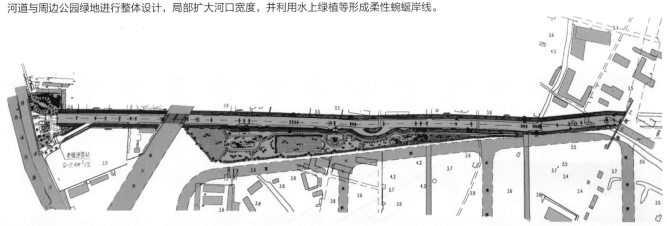

横港河河道与周围边公园绿地整体设计

生态化建设
Ecological construction

■ **因地制宜选择合适材质，加强生态化断面、护岸设计**
Choose suitable materials according to local conditions, strengthen ecological cross section and revetment design

选用复式断面形式的河道，保留主河槽、河漫滩和过渡带等自然分区特征，同时保持一定的河漫滩宽度和植被空间，为生物提供栖息地。采用矩形或梯形断面的河道时，应结合生态护岸、生态绿化等措施，为生物栖息创造有利条件。

生态护岸应考虑生态环境修复及市民亲水需求。优先选取透水性强、多孔质构造的自然材料，为水生生物创造安全适宜的生存和生长空间。应结合高低错落的台阶、平台及漫步道等亲水设施，传承城乡历史文化，提升河道及沿河陆域功能。

城镇建设区内宜对垂直护岸进行生态化改造。根据《上海市海绵城市建设规划（2016—2035）》，生态岸线改造率提升至70%～75%以上。生态化改造应保证挡墙防汛安全、结构稳定，加强挡墙前后水土沟通，适度增大地面可种植绿化面积。

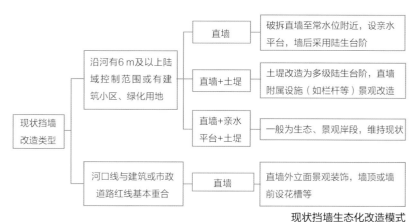

现状挡墙生态化改造模式
Ecological reconstruction model of current retaining wall

徐汇区北潮港东岸

闵行区樱桃河（紫月路）南段

宝山区马路河

浦东新区韩家宅河

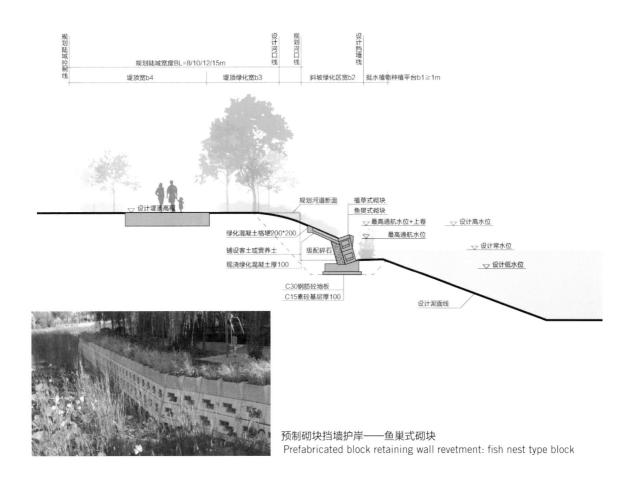

规划陆域控制线

规划陆域宽度BL=8/10/12/15m

堤顶宽b4　　堤顶绿化宽b3　　斜坡绿化区宽b2　　挺水植物种植平台b1≧1m

设计河口线　规划河口线　设计挡墙线

设计堤顶高程

规划河道断面

植草式砌块

鱼巢式砌块

绿化混凝土格埂200*200

最高通航水位+上卷　　设计高水位

铺设客土或营养土

级配碎石　　最高通航水位

现浇绿化混凝土厚100

设计常水位

C30钢筋砼地板

设计低水位

C15素砼基层厚100

设计泥面线

预制砌块挡墙护岸——鱼巢式砌块
Prefabricated block retaining wall revetment: fish nest type block

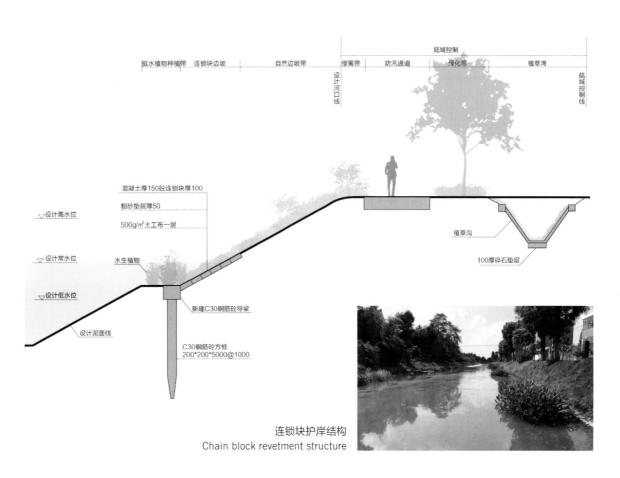

挺水植物种植带　连锁块边坡　　自然边坡带　　绿篱带　防汛通道　绿化带　　　植草湾

陆域控制

设计河口线

陆域控制线

混凝土厚150砼连锁块厚100

粗砂垫层厚50

500g/m²土工布一层

植草沟

设计高水位

设计常水位

水生植物

100厚碎石垫层

设计低水位

新建C30钢筋砼导梁

设计泥面线

C30钢筋砼方桩
200*200*5000@1000

连锁块护岸结构
Chain block revetment structure

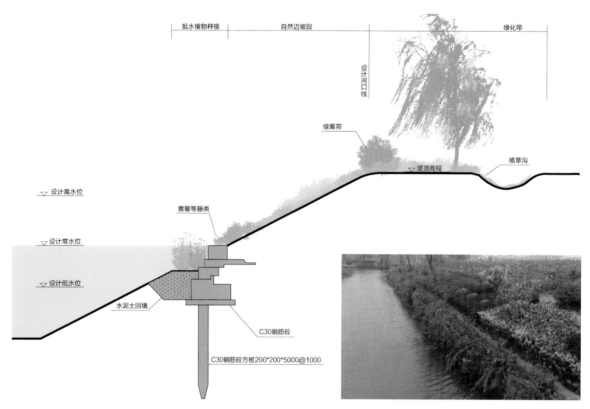

挺水植物种植　　　自然边坡段　　　　　　　绿化带

设计河口线

绿篱带

植草沟

堤顶高程

设计高水位

设计常水位

黄馨等藤类

设计低水位

水泥土回填

C30钢筋砼

C30钢筋砼方桩200*200*5000@1000

混凝土砌块挡墙
Concrete block retaining wall

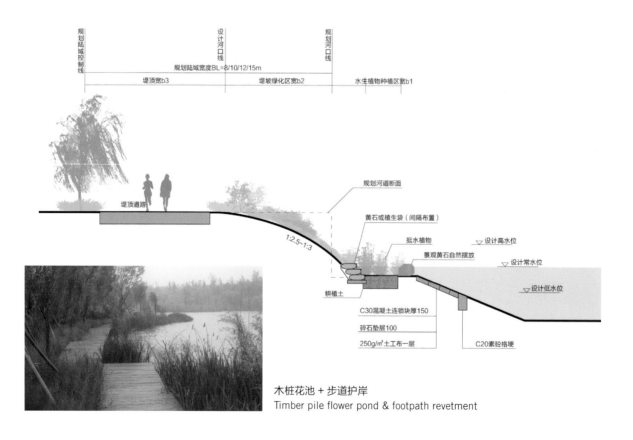

规划陆域控制线

设计河口线

规划河口线

规划陆域宽度BL=8/10/12/15m

堤顶宽b3　　　　堤坡绿化区宽b2　　　水生植物种植区宽b1

堤顶道路

规划河道断面

黄石或植生袋（间隔布置）

挺水植物

设计高水位

景观黄石自然摆放

设计常水位

1:2.5~1:3

设计低水位

耕植土

C30混凝土连锁块厚150

碎石垫层100

250g/m²土工布一层

C20素砼格埂

木桩花池 + 步道护岸
Timber pile flower pond & footpath revetment

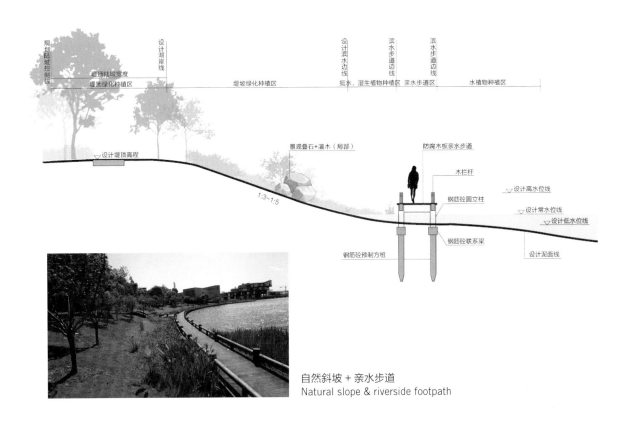

自然斜坡 + 亲水步道
Natural slope & riverside footpath

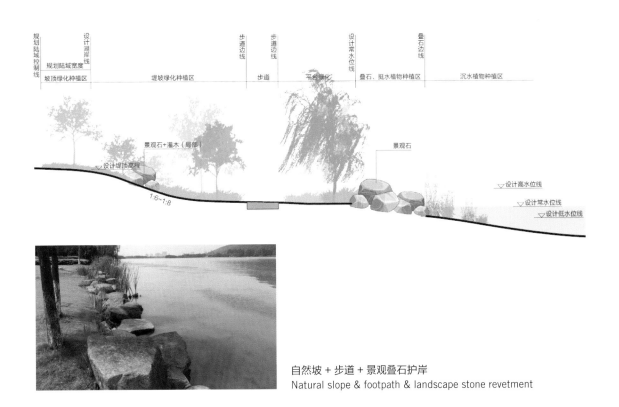

自然坡 + 步道 + 景观叠石护岸
Natural slope & footpath & landscape stone revetment

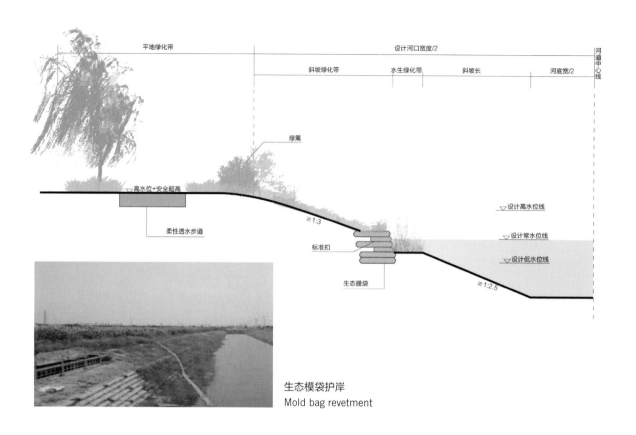

生态模袋护岸
Mold bag revetment

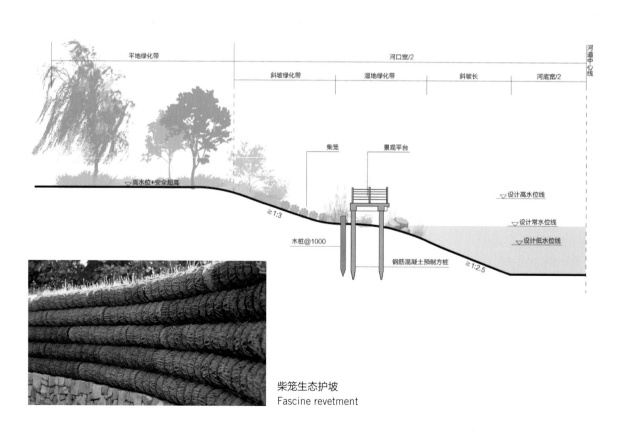

柴笼生态护坡
Fascine revetment

护岸绿化
Revetment greening

■ 保证护岸空间的绿化规模
Guarantee greening scale of revetment space

滨水绿化应结合区域空间特征种植绿化,形成规模。绿化应以本土树种为主,考虑四季变化和色彩效果。高桩平台、防汛墙、亲水平台等可采取树池种植。

公共活动型和生活服务型河道(段)的硬质护岸需进行景观化处理。公共活动型河道(段)硬质护岸可采用行道树、景观树与亲水植被进行点缀,生活服务型河道(段)硬质护岸可沿水种植线型绿植,形成景观。

生态保育型河道(段)护坡可种植水生草本植物,河岸外侧可种植固本植物,可通过多种设计手法增加滨水陆域植被密度。有较多人流活动需求的生态护岸,可利用植物的布局、高度和硬度,达到区域安全防护的功能。

乡村及郊野地区的河道护岸应尊重现状,以自然手法、生态种植为主,可选择具有农业和乡村特色的植被种类。

■ 设计层次丰富的景观植被
Design the vegetation with diverse landscape

公共活动型和生活服务型河道(段)护岸,不宜种植过大过高的植被,通过根系较小的乔灌木和低矮草坪结合的布局,形成具有活力的滨水空间景观。

乡村及郊野地区的河道护岸,应充分保留现状植被特征,以乡土树种为主。

长宁区周家浜

松江龙兴港

青浦区南大港

静安区中扬湖河

目标三：
水质提升

Objective 3:
Water quality improvement

河道水质是滨水区域环境品质的基础，也是上海中小河道整治的重点。可通过减少入河污染、河道基底治理以及水生态系统构建来实现水质提升。

River water quality is fundamental to environmental quality of waterfront area and also the focus of small-and-medium-sized river governance in Shanghai. Water quality can be improved by reducing river pollution, governing river base and building water ecosystem.

外源控制
External source control

■ 消除旱天污水直排，削减雨天溢流；提升污水处理浓度，减少污水外渗；降低系统运行水位，保证截流倍数

Avoid direct wastewater discharge in dry days, reduce combined sewer overflow; improve wastewater treatment concentration, decrease wastewater leakage; bring down system operating water level, guarantee interception ratio

要实现河道水质的提升，必须对入河污染物的类型进行摸排、检测，并制定可行的控源截污措施。控源截污可参照《城市黑臭水体整治——排水口、管道及检查井治理技术指南》进行规划设计。

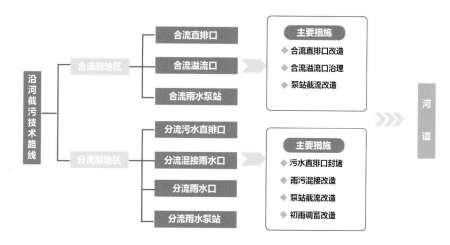

沿河截污技术路线
Technology route of wastewater intercepting along the river

雨天溢流污染（Combined Sewer Overflow, CSO）控制技术

雨天溢流污染（CSO）控制技术：明确基于溢流量和溢流污染控制目标的CSO控制标准，给出设施规模设计方法。着手开展本底CSO污染情况的监测，加强合流制管网运行情况的普查，为后续CSO控制规划设计、模拟分析提供有效的基础数据保障。

CSO控制技术措施：主要包括源头减排（绿色基础设施等）、截流干管和污水处理厂提标改造、CSO调蓄、CSO处理以及非工程措施（如实时控制、管网运维调度）等。可在雨水管道末端设置截流管进行拦截，解决沉积物雨天冲刷入河的问题；末端采用短时絮凝与旋流分离耦合分离等技术方法，提高SS和COD的相对去除率。

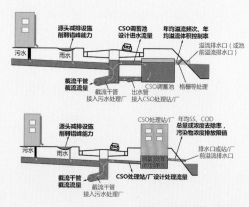

CSO控制技术示意图
Diagram of combined sewer overflow (CSO) control technology

上海市水环境功能区划
Shanghai water environment functional zoning

根据《上海市水环境功能区划（2011年修订版）》，全市的水环境功能分区按照Ⅱ类、Ⅲ类、Ⅳ类、Ⅴ类水质控制区进行分区控制。

Ⅱ类水质控制区： 指黄浦江上游水源保护区。

Ⅲ类水质控制区： 包括黄浦江上游准水源保护区、崇明岛和横沙岛。

Ⅳ类水质控制区： 包括浦东地区、青松地区、蕴藻浜以北的嘉宝地区、临港新城和长兴岛。
　　浦东地区Ⅳ类水质控制区的具体范围：黄浦江以东、周浦塘一六灶港一县北界河一线以北、长江口以西的地区。
　　青松地区Ⅳ类水质控制区的具体范围：沪苏边界以东、黄浦江上游水源保护区北界以北、准水源保护区西界西北、小莱港一蟠龙塘一闵行嘉定区界一线西南的地区。
　　嘉宝地区Ⅳ类水质控制区的具体范围：黄浦江以西、蕴藻浜以北、沪苏边界以东、长江口以南的地区。
　　临港新城Ⅳ类水质控制区的具体范围：芦潮港一随塘河以东、大治河以南、南汇边滩以西的临港新城地区。

Ⅴ类水质控制区： 包括浦西主城区和杭州湾沿岸地区。
　　浦西主城区Ⅴ类水质控制区的具体范围：蕴藻浜以南、黄浦江以西、龙华港一漕河泾港一淀浦河一线西北、小莱港一蟠龙塘一闵行嘉定区界一线东北的主城区。
　　杭州湾沿岸Ⅴ类水质控制区的具体范围：掘石港一惠高泾以东、黄浦江上游水源保护区南界以南、准水源保护区东界以东、周浦塘一六灶港一县北界河一线以南，除临港新城以外的地区。

▨	Ⅱ类水质区
▢	Ⅲ类水质区
▢	Ⅳ类水质区
▢	Ⅴ类水质区
▤	Ⅱ类水河、湖
▤	Ⅲ类水河道
▤	Ⅳ类水河道
▤	Ⅴ类水河道
▢	水域
▢	滩涂及其他未利用地
┅	铁路
▤	骨干路网
┄	省市界

上海市水环境功能区划示意图
Shanghai water environment functional zoning

内源治理
Internal source governance

■ 根据河道底泥监测数据及释放特性，在确保护岸结构安全前提下清理污染底泥，为防止污染物扩散，还应加强底泥无害化处置

According to monitoring data and release characteristics of riverbed sediments, clean off polluted sediments in the case of secure revetment structure, strengthen harmless sediment treatment to prevent the spread of pollutants

在污染底泥进行检测及影响分析的基础上，判定污染类型，拟定清理厚度。底泥清理厚度还应结合规划河道断面、护岸结构等因素统一考虑，在确保护岸结构安全的前提下，尽量将污染物从水域系统中彻底去除。

对于污染程度较轻、暂时无法清除的，可考虑采用覆盖等经济易行的措施，阻隔底泥中的污染物向水中释放，并应制定底泥原位污染修复方案，所采取的修复措施应经专业论证后方可实施，避免水体二次污染。

在河道有效截污的前提下，流速较低的河道或断头浜可通过引入适宜的微生物、构建水下森林等生物措施，削减内源污染，改善水质。

采取填埋措施前，污染底泥应首先无害化处理并达标。

活水补水
Flowing water replenishment

■ 对断头河道进行清水补充，增强水体活力

Replenish clean water for "beheaded river" to keep it running

对于部分近期无法沟通、水动力循环条件较差且水生态系统严重缺失的断头河道，可以考虑采取污水厂达标排放的尾水对河道进行清水补充，增强水体活力，提高水体透明度，辅助构建河道生态系统。

案例分析：新江湾城水系
Case: Water system of New Jiangwan Town

杨浦区新江湾城在建设水系时引进了自然生态的理念，已经建成的样板区没有一处外露的结构工程，水清岸绿，林水相依，景色宜人，水边一派自然风光，水中倒影依稀可见。

杨浦区新江湾城水系

生态修复
Ecological remediation

■ **因地制宜、因河施策，合理选择河道生态修复的治理技术**
Choose suitable ecological remediation technique for rivers according to local conditions

水生态系统修复需符合河道水域滨水景观要求，协调统一，符合区域特点。主要包括河道水生植物的恢复、岸带湿地和滨水带的恢复、水生动物和底栖动物的恢复、特有鱼类和其他水生物种的恢复。应采用水域生态系统恢复综合技术，改善水生物种群结构，恢复自然生态系统，保持稳定水质。

■ **构建自然稳定植物群落，提升河流净化系统的稳定性**
Create a natural and stable plant community, improve the stability of river purification system

尽可能构建拟自然的、存活期长的稳定植物群落，河道内水生植物类群从河道沿岸向水体深处依次为挺水植物、浮叶植物和沉水植物，体现多种生态类型的交替变化过程，提高水系净化系统的稳定性和群落的多样性。

恢复水生植物过程中，可以将光补偿点低、抗风浪能力强、耐污能力强、植株高大的种类作为先锋物种，为其他物种的生长创造条件。

植物选取应优先考虑本地物种，综合考虑生物多样性、可兼顾水质净化及景观功能、管理维护简易等因素。

常用水生植物推荐，挺水植物：再力花、莲、千屈菜、梭鱼草、黄菖蒲、水菖蒲、东方香蒲、狭叶香蒲、水葱、三白草、泽泻、慈姑、芦苇、茭白；浮叶植物：睡莲、荇菜、芡实；沉水植物：轮叶黑藻、苦草、马来眼子菜、金鱼藻。

■ **水生动物维持水体物质循环和能量流动，一般而言，以鱼类、浮游动物及底栖动物为主**
Maintain the circulation of materials and energy flow in water bodies by breeding aquatic animals, e.g. fish, zooplanktons and benthonic animals

常见水生动物推荐，鱼类：包括滤食性鱼类和杂食性鱼类，前者主要是鲢鱼和鳙鱼，后者包括鲫鱼、团头鲂、三角鲂、鲮鱼等；浮游动物：包含原生动物、轮虫、枝角类、桡足类；底栖动物：包括双壳类（蚌类）和螺类。

徐汇区小排河

案例分析：普陀区朝阳河整治

Case: Governance of Chaoyang River in Putuo District

朝阳河全长 2.9 km，2016 年采取沿河排污口封堵和截污纳管措施后，水质基本达到Ⅴ类。根据《普陀区河道水环境治理——一河一策实施方案》，朝阳河经过长达 5 个月的综合治理，打造了滨水步道及栈道，设置亲水平台，新建和改造绿化，美化桥梁及护岸栏杆，种植沉水植物，加设生态浮床和曝气喷泉，为居民提供风景宜人的滨水绿带和休闲健康步道。

治理对策包括：

— 封堵废弃雨水排放口 38 个，保留 1 个；截污并纳管 2 个违规污水排放口

— 拆除沿河违章

— 通过曝气复氧，实现水系微循环

— 环保清淤

— 利用复合浮床、沉水植物等生态修复措施，辅助构建水下生态系统

— 构建滨水景观带，通过绿色、海绵措施有效改善水土流失现状，下雨时可削减入河面源污染

— 全区开展全覆盖的雨污混接排查及改造

整治前

整治后

整治后

整治后

整治后

长宁区机场河
Airport River, Changning District

宝山区生产1号河
No.1 Shengchan River, Baoshan District

杨浦区虬江
Qiujiang River, Yangpu District

金山区中官塘
Zhongguantang River, Jinshan District

落实海绵城市"自然积存、自然渗透、自然净化"的基本理念，利用河岸空间建设各种海绵设施，进一步控制雨水径流，削减初期雨水污染，实现雨洪优化管理。

Practice basic concept of sponge city i.e. "natural accumulation, natural infiltration, natural purification", build sponge facilities in riverfront space to further control rainfall runoff, reduce rainwater pollution in early stage and optimize rainfall flood management.

应对雨洪
Deal with rainfall flood

■ **落实"海绵城市"建设要求，挖掘中小河道调蓄能力**
Follow "sponge city" construction requirements and explore regulation & storage capacity of small-and-medium-sized rivers

充分发掘中小河道的调蓄能力，完善城市"海绵体"架构。

将河道调蓄容量作为城市"海绵体"的重要组成，以空间换时间，蓄以待排，进一步控制雨水径流，实现雨洪优化管理。

根据《上海市海绵城市建设规划（2016—2035）》，加强海绵城市水务设施建设，注重错峰缓排和蓄排结合，增设调蓄设施。

面源治理
Regulate surface source

■ **贯彻"低影响开发"理念，促进面源污染治理**
Implement the "low-impact development" concept, promote the regulation of surface source pollution

利用河岸空间，建设绿色排水设施，削减初期雨水污染。综合平衡滨水绿地建设的规模和布局，有效提升滨水陆域透水能力。

案例分析：滴水湖环湖多功能景观带
Case: Multifunctional landscape belt around Dishui Lake

滴水湖是临港地区重要的生态景观湖泊，位于临港建设发展的核心区域。由于处于城市末端，生态环境较为脆弱，易受外围环境影响，滴水湖也是临港地区重要的生态敏感核。

为保障滴水湖的水环境质量，在结合海绵城市建设环湖绿带。通过低影响开发建设，注重城市功能与雨水系统净化、滞纳、蓄积的综合效应，并释放重要的城市滨水景观和公共活动空间。

环滴水湖海绵化滨水绿带整体宽约 80 m，已建成规模约 4.8 hm²。应用的海绵城市技术包括生态岸线、透水铺装、表流人工湿地等。

生态岸线

表流人工湿地

透水铺装

滴水湖环湖多功能景观带

生态铺地
Ecological pavement ■ 使用透水性、生态性、宜人性的铺地材质
Use water-permeable, ecological and agreeable pavement materials

铺装应做到功能与景观相结合，既可以满足区域交通要求，又可以与周边景观风格相协调。

铺装应采用渗透性强、防尘排水、耐损防滑、节能环保、安全舒适的新型材料，铺装形式应服务于整体环境和功能需求，并考虑特殊人群的使用舒适性。

可通过铺装材质、色彩等区分步行、骑行、游憩等不同活动空间。在步行道起止点、转折处、分岔处等行人决策点，可变换铺装材质、色彩或铺排方式。

主要活动广场应使用防滑、耐磨、防尘、易清洁、易排水的地面铺装，地面透水率不低于50%。铺装图案的尺度应与广场尺度相适应。铺装设计应结合历史、地理、人文特点进行设计，保持城市整体风貌的延续性和美观性。

步行道一般用透水砖、混凝土、砾石、石块等材料，跑步道宜使用塑胶、彩色沥青等具有一定弹性减震功能的材料，自行车道可采用沥青、透水地坪、混凝土等材料。综合设置的滨水步道可采用沥青、透水地坪、混凝土、透水砖等材料。颜色可因地制宜，以便使用者区分辨认。

滨水空间地面铺装
Ground surface pavement of waterfront space

河道作为城市生产、航运等功能的重要载体，不仅是城市安全的基本保障之一，更是上海韧性城市的重要组成部分，安全保障是河道设计和建设须遵循的底线和首要原则。

River plays an important role in production and navigation of a city. It is not only one of basic guarantees for urban safety, but also a decisive factor of Shanghai's resilience level. Safety guarantee is the bottom line and foremost principle of river design and construction.

目标一：
完善网络

Objective 1:
Network improvement

上海骨干河道总体构成为"1 张水网 +14 个水利片区 +226 条骨干河道"。

Shanghai's general core river network comprises "1 water network+14 water conservancy areas+226 core rivers".

优化布局
Optimize the layout

■ **加快骨干河道网络建设，保障城市防汛安全**
Accelerate the construction core river network and ensure urban flood prevention and safety

根据《上海市骨干河道布局规划》，上海骨干河道总体构成为"1 张水网 +14 个水利片区 +226 条骨干河道"。"1 张水网"指形成上海处于长江、太湖流域下游的一张骨干河网。"14 个水利片区"指上海市域范围内的 14 个水利综合治理分片。"226 条骨干河道"其中主干河道 71 条，次干河道 155 条。

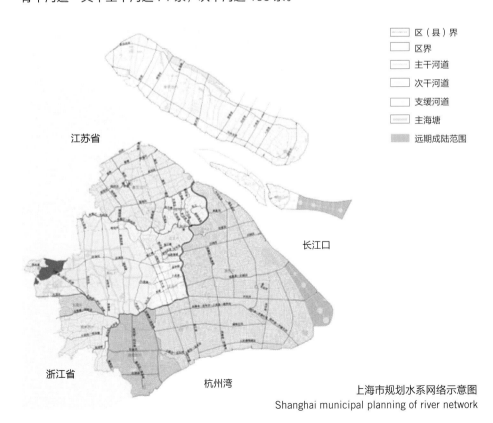

区（县）界
区界
主干河道
次干河道
支缓河道
主海塘
远期成陆范围

江苏省

长江口

浙江省

杭州湾

上海市规划水系网络示意图
Shanghai municipal planning of river network

■ 配合太湖流域治理划分水利分片，提高城市防洪除涝能力

Divide water conservancy areas to facilitate the governance of Taihu Basin and improve the city's capacity of flood control and drainage

上海市域划分为 14 个水利综合治理分片，分别为浦东片、嘉宝北片、蕴南片、淀北片、淀南片、青松片、浦南东片、浦南西片、太南片、太北片、商榻片、崇明岛片、长兴岛片和横沙岛片。

控制水位
Control water level

■ 加强水利片区内河道水位控制，提高区域调蓄能力

Strengthen river water level control within water conservancy areas, improve regional regulation & storage capacity

综合考虑河道管理、生态蓄水、农业生产、水资源调度、区域防汛安全、河道泵闸水利工程设施总量和各片地形平均高程等因素，确定各水利分片河道常水位、预降最低水位和除涝最高控制水位。

上海市水利分片示意图
Shanghai's water conservancy areas

■ 根据河道水位合理确定防汛墙形式及高度，防汛墙形式应与周边环境相融合
Determine the type and height of flood control wall according to river water level, make flood control wall type fit in with surrounding environment

河道常水位总体为 2.2~2.8 m、除涝最高控制水位总体为 2.7~4.44 m，其中长兴岛、横沙岛最低，除涝最高水位控制为 2.7 m，其余各片总体为 3.6~4.44 m。

根据岸线腹地和周边建设情况，防汛墙可采用与护岸结构结合、与绿地缓坡结合、单独直立式等不同形式。

控制规模
Control river size

■ 根据河道的等级、功能，严格控制骨干河道规模
Strictly control core river size according to river grade and function

根据《上海市河道管理条例》，加强全市河道（包括湖泊洼淀、人工水道、河道沟汊）的整治、利用、保护及管理。禁止擅自填埋，占用城市蓝线内水域，影响水系安全的爆破、采石、取土，擅自建设各类排污设施，以及其他对城市水系保护构成破坏的活动。

配置设施
Establish facilities

■ 根据防洪排涝及水资源调度等要求，配置水闸、泵闸（站）、水利枢纽等水利设施
Establish water conservancy facilities including water gate, pump station, pump gate and key water control project according to requirements of flood control and drainage and water resource allocation

水闸主要用于挡潮、防洪、泄洪、水景观和水资源调度等，利用潮汐的规律，来实现引水、排水。根据功能、景观、管理运行方式及经济效益等综合比选确定具体门型。

泵闸（站）不受潮涨潮落的时间影响，可以直接通过动力来驱动泵闸进行引水或排水。在保证泵闸基本功能的前提下，应兼顾水利、市政交通、航运及景观等多种功能。

案例分析：大洮港上游河道防洪工程（一期）
Case: Flood control project of upper reaches of the River of Damao Port (Phase I)

大洮港上游河道防洪工程的建设对健全太湖流域防洪体系，提高区域防洪排涝能力至关重要。河道布置按规划蓝线实施，考虑现状河道的走向，在满足防洪排涝的前提下，兼顾内河航运通航要求。

相关工程是《太湖流域防洪规划》中防洪工程总体布局的重要组成部分，为上海市"十二五"期间唯一列入水利部的项目。

该河道为流域骨干河道，其平面布置符合规划蓝线要求，可通过利用其顺直现状，使之泄洪通畅、航运顺畅。

大洮港上游河道

闸门常用型式和选择
Common gate type and selection

门型 Gate type	优点 Advantage	缺点 Disadvantage	应用范围 Applicable conditions	案例 Cases
平面闸门 Plane gate — 直升门 Vertical-lift gate	安全可靠,建(构)筑物顺水流向的尺寸较小,闸门结构简单,有启闭设备,便于检修维护	需要较厚和较高的闸墩(相比升卧门不需要),较高的排架;门槽水流条件差;所需启闭力较大,需选用较大启闭机等	周边环境景观对排架高度没有限制的水闸上。由于安全性好,被大型水闸广泛应用,为了提高景观效果,目前趋势是通过"水利建筑景观"集成创新,改造水闸整体建筑景观效果	金汇港南闸
升卧门 Lift-lie gate	降低启闭机的安装高度,从而提高了水工建(构)筑物的抗震能力,降低了工程造价	检修维护较不方便,与直升门相比闸门沿水流方向的闸室长度增加	地震烈度较大,或限制排架不宜太高的水闸	女儿泾水闸
卧倒门 Lie-down gate	没有门槽,闸墩厚度较小,没有启闭机排架、闸门外观简洁、美观,所需启闭力较小	闸门控制流量局部开度范围小,并可能引起震动;对启闭设备要求较高;门轴易漏水,检修维护较困难	周边环境景观要求极高的水闸	苏州河河口
横拉门 Horizontal-pulled gate	水闸上部无启闭机排架等建(构)筑物,主要结构隐蔽在地面以下	应用孔口尺寸小;水头差范围较小;闸门运行易受淤积影响;开启过程会形成偏流;养护管理复杂;只能在静水中启闭	水头差不大,景观要求较高的水闸	北横泾泵闸、淀东引水泵闸
上翻门 Upturn gate	采用液压启闭机,布置紧凑,无上部建(构)筑结构,对环境影响比较小	闸门开启后对过流有一定阻碍,不宜用于通航孔;支铰受水压力的集中作用大,对土建结构要求较高;闸门支铰检修不方便;双吊点对两侧启闭机的同步要求较高	水头差不大,景观要求较高的水闸	龙华港泵闸
一字门 Single-leaf gate	布置紧凑,无上部建(构)筑结构,对环境影响比较小	适应水头差小,闸门支铰检修不方便	水头差不大,景观要求较高的水闸	二里泾泵闸
弧形闸门 Radial gate	安全可靠,闸墩高度和厚度较小,水流流态好,所需启闭力较小	设计、施工和安装一般比较复杂;需要较长的闸墩和墩内承受集中推力的钢筋;闸门所占空间位置较大;检修维护较直升门等复杂	水头差较大对启闭要求较高的大型水闸	芦潮港水闸

目标二：
通航安全

航运是上海河道重要功能之一，上海市境内现有内河航道共计 196 条，通航里程 2 086.39 km。高等级航道形成"一环十射"网络布局。

Objective 2:
Navigation safety

Navigation is an important function of rivers in Shanghai. There are a total of 196 inland waterways, and the navigable length reaches 2,086.39km. High-grade waterways have formed the network of "one ring and ten arterial waterways".

提升功能
Improve the functions

■ 减量增能，优化完善现有航道网络
Reduce quantities, increase capacity, optimize existing waterway networks

随着城市功能的演变，部分内河航道功能逐渐弱化。通过优化归并，适当调整既有航道总量。取消部分与城镇建成区矛盾突出、对区域航道网络影响不大、船流量和码头设施较少的航道。同步提升存量航道能力或新辟少量替代航道，确保区域航道通航能级。

加快高等级航道和配套港区建设，提升苏申、杭申线等高等级航道和外高桥等重要内河港区支撑作用，培育内河支流集疏运体系，构建以长江黄金水道为干线、高等级航道为支线、内河港区为转运枢纽的内河航运网络。

"一环十射"高等级航道网航道规划等级
Waterway planning grade of "one ring and ten arterial waterways" high-grade waterway network

航道名称 Name	起讫点 Origin-destination	里程 Length （km）	规划等级 Planning grade
黄浦江	巨潮港—分水龙王庙	23.39	III
赵家沟	随塘河—黄浦江	12.30	III
大芦线	内河集装箱港区—黄浦江	54.29	III
大浦线	赵家沟—大治河	39.20	III
杭申线	浙江省界—分水龙王庙	17.24	III
苏申外港线	江苏省界—分水龙王庙	35.50	III
长湖申线（太浦河上海段）	江苏省界—西泖河	14.36	III
苏申内港线	江苏省界—吴淞大桥	46.69	III
平申线	浙江省界—黄浦江	19.30	IV
油墩港	苏申内港线—黄浦江	36.47	IV
罗蕴河	新川沙河水闸—蕴藻浜	23.20	IV
金汇港	金汇港南闸—黄浦江	21.32	IV
川杨河	三甲港水闸—黄浦江	28.62	V
龙泉港	运石河—黄浦江	32.75	V
合计		404.63	

通航水位
Navigable water level

■ **严格控制内河航道通航水位，保证通航安全**
Strictly control navigable water level of inland waterways to guarantee navigation safety

内河航道的通航水位包含通航最低水位和最高水位，本市闸控航道最高通航水位一般控制在 3.0~3.5 m，最低通航水位一般控制在 1.8~2.2 m。

各等级航道占比
Proportion of waterways by grade

航道等级 Waterway grade	III	IV	V	VI	VII	等外级 Off-grade	合计 Total
里程（km） Length	242.97	100.29	61.37	689.20	578.45	393.97	2 066.25
所占比例 Proportion	11.70%	4.90%	3.00%	33.30%	28.00%	28.00%	—

III级以上航道
IV级航道
V级航道
VI级航道
VII级航道

上海市内河航道布局图（1999 年）
Inland waterway layout of Shanghai (1999)

河道断面是河道工程设计中重要控制要素及设计内容。河道断面设计应充分考虑河道等级、功能、水位、流速、流量及河道冲淤变化等因素，满足过流能力、调蓄空间、河道生境多样性和景观等要求。

Objective 3:
Discharge guarantee

The cross section of river is an important control element and design content in river engineering design. The river cross section design should take into full consideration river grade, function, water level, flow rate and change of river erosion and siltation. It should meet requirements of discharge capacity, regulation & storage space, river habitat diversity and landscape, etc.

断面形式
Cross section form

■ **根据河道周边环境、土地利用要求及功能，合理选择河道断面形式**
Choose suitable cross section form according to river surrounding environment, land use requirement and function

主城区、郊区城镇中心区和历史风貌区因用地紧凑，河道以满足过水能力为基本要求，一般使用矩形或复式断面形式。

用地条件宽松、河口较宽的河道，如一般镇区及乡村新开河道鼓励使用梯形或复式断面。

断面尺寸
Cross section size

■ **河道断面尺寸应满足过流、调蓄、通航等功能与安全要求**
Cross section size should meet requirements of discharge, regulation & storage, navigation and safety

断面尺寸应满足规划断面要素（河口宽、底宽、底高程）及堤顶设防高程，通航河道需满足最小通航水深及航道宽度。河底宽度一般不小于 3 m。从有利于植物生长、堤防管理和防止水土流失等方面考虑，河道边坡比一般不陡于 1:2。

复式断面在河道水位变动带（设计低水位至设计高水位间）采用护岸防护，在低于常水位 0.2~0.3 m 处宜设置挺水植物种植平台，条件允许的情况下，可以在低于常水位 1.0~2.0 m 处设置沉水植物种植平台，平台宽度根据不同河道宽度具体设计，边坡的坡比一般不陡于 1:2。

若选择矩形断面，直立护岸需要根据地质条件确定直立挡墙的高度与结构。

堤防形式
Embankment type

■ **根据防洪、沿岸土地利用及景观等要求，采用不同堤防形式**
Use different embankment types according to requirements of flood control and riverfront land use and landscape

考虑地面高程、设防水位、沿岸土地利用及景观要求等因素，一般可采用不同堤防形式满足防汛要求：

一墙到顶式（防汛墙）：受地面高程和后方用地限制，在河口线处设计高挡墙以满足防汛标高，后方地面标高低于挡墙墙顶高程。

二级挡墙式：在满足防汛安全的前提下，岸后腹地较大的河段可采用两级挡墙。第一级挡墙墙顶高程较低，墙顶高程不应低于该地区的防汛警戒水位，第二级挡墙墙顶高程达到防汛标高，在两级挡墙之间可设计步道、观景平台等亲水设施，但需满足防汛四级应急响应要求。

二级堤防式：岸后腹地较大的河段，第一级挡墙墙顶高程较低，墙顶高程不应低于该地区的防汛警戒水位，后方通过斜坡至设计防汛标高，并形成一定宽度的堤防，在斜坡上可进行绿化种植和景观设计。

矩形断面　Rectangular cross section

占地面积较少，有助于提高河道的过流能力，有利于雨洪的排放，但降低了河道本身的自然美感，生态性、景观性及亲水性较差。

杨浦区虬江：市管主干河道，河口宽 22 m，长约 6 km，横穿杨浦中心区域，两岸密布居民小区、医院、学校、公共绿地及商业体等，最终汇入黄浦江。

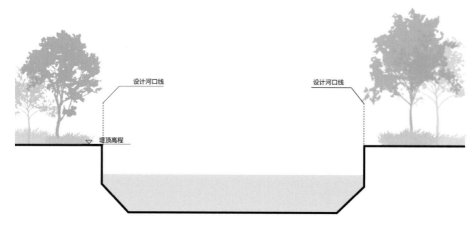

梯形断面　Trapezoidal cross section

多用于规划新开河道，占地面积较大，同等口宽条件下过流能力较矩形断面小，在满足行洪、排涝和通航要求的基础上，由于坡度较缓，可构建利于生态系统恢复的基底条件，有利于两栖动物的生存繁衍和河道的生态多样性，但因边坡的单一和水深的制约，能够生长水生植物的基底相对较少，生态亲和性相对一般。

宝山区潘泾：南起荻泾，往北流经顾村、罗店和罗泾，抵毛塘河，河口宽 24 m，长约 19 km，大部分为市管主干河段。河道两岸有工业区、居民区、农业生产区等多种用地类型。

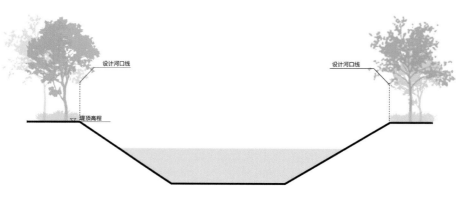

复合断面 Combined cross section

结合了矩形断面和梯形断面优点，与梯形断面相比，在占地面积同等条件下，汛期过流能力强、蓄水量大，且近岸有一定宽度河滩地，有利于河道中水生物和两栖动物的生长，具有一定的生态性。岸后斜坡、堤顶、植被缓冲带等均可开发为绿化景观休闲区域，具有较强的景观性。

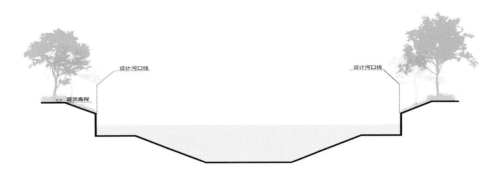

虹桥商务区华翔绿地：华翔绿地位于虹桥商务区内，绿地内水系纵横交错，最终汇入北横泾，河口宽 10～30 m。

岸坡稳定

护岸结构的选择应确保河道安全运行，在满足稳定性、强度、耐久性等要求的前提下，优先选用利于动物栖息、植物生长、水陆微生物交流的生态亲和形式和绿色材料。

**Objective 4:
Bank slope stability**

Revetment structure should ensure safe river operation, and eco-friendly and green materials that are good for ecological habitats of animals and plants as well as interaction of microorganisms in waters and land are preferred as long as they meet preconditions of stability, good strength and durability.

**护岸形式
Revetment form**

■ **结合河道及沿河陆域功能和规模，合理选择河道护岸形式**
Choose suitable revetment form according to function and size of river and riverfront land

用地条件宽松、河口较宽的河道，特别是镇区及乡村新开河道，护岸建议采用斜坡式。

为了促进地表水和地下水的交换，恢复水边动植物的生长，同时利于两栖爬行动物的繁衍，可采用自然护坡。这种形式既能稳定河床，又能改善生态和美化环境，使河岸趋于自然形态。

在水位变动区，根据实际情况边坡可采用砌石、预制混凝土块体、生态毯、生态混凝土等进行护砌，使其具有一定的防护能力，以确保岸坡稳定。

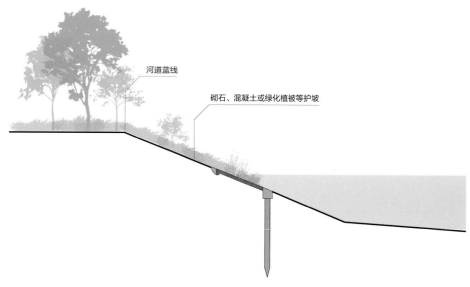

河道蓝线

砌石、混凝土或绿化植被等护坡

斜坡式护岸
Sloped revetment

中心城区、郊区城镇或历史文化风貌区中河道宽度小、过流能力强、河道用地空间小的河道可采用垂直护岸。对于部分现状河道，因建筑物紧邻岸边，可采用加固现状垂直护岸。

考虑船行波的影响，Ⅴ级及以上航道宜采用垂直护岸。在保证通航功能的前提下，护岸线型及结构可作柔性处理。

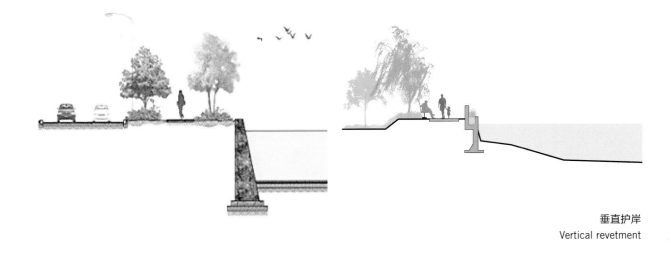

垂直护岸
Vertical revetment

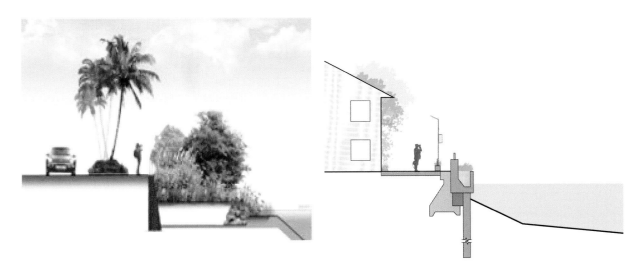

加固垂直护岸
Reinforced vertical revetment

护岸材质
Revetment materials

■ 结合河道及沿河陆域功能和规模，考虑水力特性、生态景观需求等因素，合理选择河道护岸材料

Choose suitable revetment materials according to function and size of river and riverfront land, hydraulic characteristics and eco-landscape requirements

护岸结构分为：挡墙、护坡。护岸材料有：钢筋混凝土、块石、木桩、石笼、预制砌块、仿木桩、植生网垫（毯）、生态袋、绿化混凝土、海绵土、植被等。

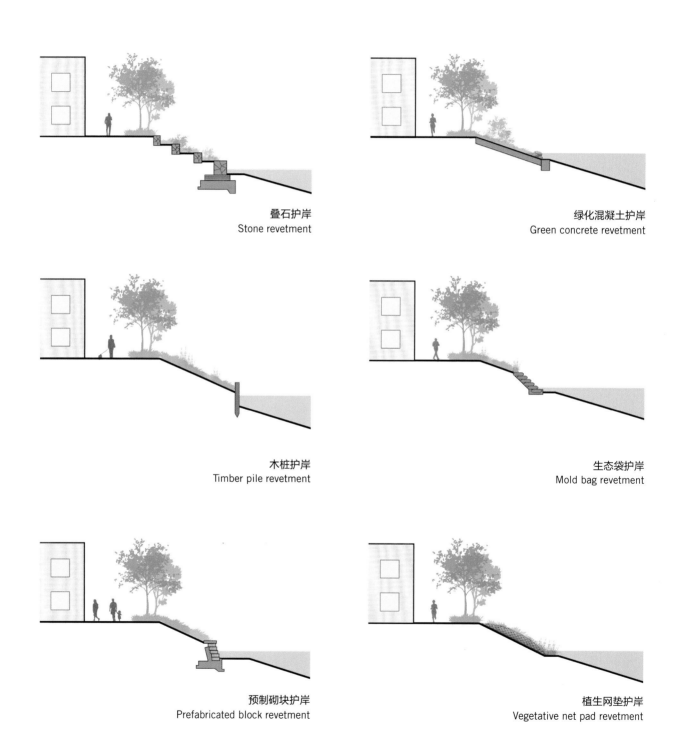

叠石护岸
Stone revetment

绿化混凝土护岸
Green concrete revetment

木桩护岸
Timber pile revetment

生态袋护岸
Mold bag revetment

预制砌块护岸
Prefabricated block revetment

植生网垫护岸
Vegetative net pad revetment

河道护岸挡墙材质
River revetment retaining wall materials

材质 Material	优点 Advantage	缺点 Disadvantage	适用条件 Applicable conditions	案例照片 Case photos
钢筋混凝土 Reinforced concrete	现浇钢筋混凝土挡墙是通过绑扎钢筋、立模、浇筑砼而成,其质量较易保证,强度高、防渗防冲性能好、耐久性好,虽然景观性相对较差,但可通过适当的处理(如垂直绿化、外墙装饰等),达到与周边景观相协调的效果	自重大,现场浇筑施工工序多,需养护,工期长,并受施工环境和气候条件限制,硬质护岸,通透性差,生态、景观效果差	防冲抗刷要求较高	 苏州河
天然石材 Natural stone	最传统的护岸材质,使用历史悠久,砌筑工艺成熟,施工便捷,天然石材生态景观效果好,石材耐冲刷性能好,外观可塑性强	墙身结构砌筑施工质量较难控制,导致结构整体性、可靠性、强度、耐久性均一般,石材组织难度大、造价高	有一定景观要求	 金山区中侨学院河
预制混凝土砌块 Prefabricated concrete block	结构形式新颖,景观性好,对地基适应能力强;施工相对简便,对周边建筑影响小;墙体颜色可根据需要定制,满足河道景观要求;可抵御船行波的冲刷;由于是交叉排列,植物可以一直向上延伸,底部也不会有烂根情况	保洁管理难度大,水位降落区域的墙身不易清洁,植被的腐殖质不易清理,易造成植物腐殖质二次污染河道水质;护岸结构施工挖填方量大	生态河道	 宝山区束家湾
木桩、仿木桩 Timber pile, synthetic timber pile	护岸稳定性强,仿木桩抗冲能力强,生态景观性好,阶梯绿化有利于植物种植生长,适用于施工场地狭窄的河岸,避免大开挖施工	直立的桩身不利于水陆两栖动物活动、觅食,水位变幅区圆木桩易腐蚀坏损	中小河道,挡土高程较低	 普陀区横港河
生态石笼 Ecological gabion	抗冲刷,透水性强,石笼为柔性结构,适应基础的不均匀沉降;网笼结构利于生物栖息,与周围景观更加融洽;水下施工方便	填石直径小,空隙狭小,无法作为体型较大水生动物的生存场所,需经历一定的时间,待石缝间土壤沉积、植物生长后,能呈现较好的生态效果	生态河道	 崇明区宝岛河

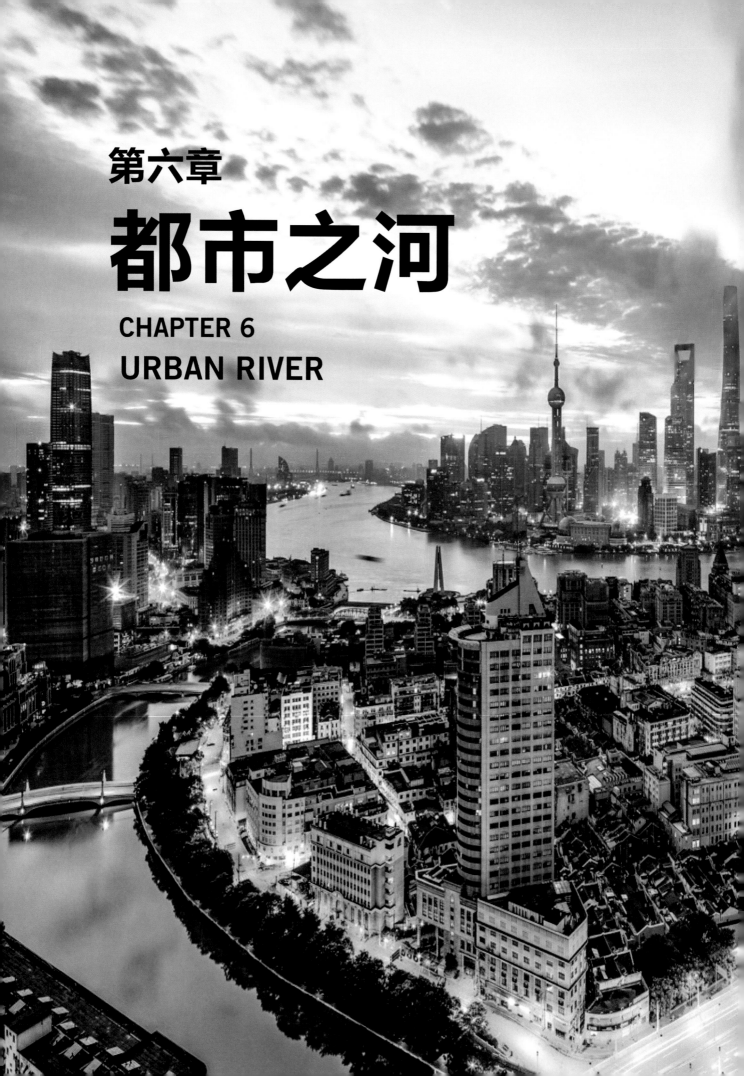

第六章
都市之河
CHAPTER 6
URBAN RIVER

河道是展现上海国际化大都市独特魅力的重要空间载体，河道及两岸的规划设计应充分体现其与城镇布局相互依存、城水融合的关系，着力构建多元复合功能，提升环境景观品质。

River provides an important spatial support for demonstrating Shanghai's unique charm as an international metropolis. The planning and design of river and its banks should fully show their interdependence with urban layout and city-water integration, focus on creating diverse functions and improving the quality of environmental landscape.

目标一：
城水相融

延续上海依水而生、因水而兴、水沛城兴的发展脉络，强化国际化大都市河道及沿河陆域的一体化规划建设。

Objective 1:
City-water integration

Stick to the development guideline of "Shanghai is sustained and nourished by waters", strengthen integrated planning and construction of river and riverfront land.

水岸联动
River-bank interaction

■ 将河道及沿河陆域作为集中体现上海社会主义国际化大都市品质的重要载体和标志性空间

Make river and riverfront land an important support and iconic space to show the quality of Shanghai as a socialist international metropolis

进一步推进上海河道综合环境整治，切实提升河道水岸景观，确定与城市定位相匹配的发展目标，发挥更加复合多元、开放共享、引领生活的综合作用。

将河道及沿河陆域打造成为城市多元活动的空间载体，汇聚具有全球影响力的城市功能；建设人文内涵丰富的城市客厅，容纳市民公共活动；布局大型公共绿地和生态斑块，营造景观优美的生态空间。

城乡辉映
Urban-rural integration

■ 在城镇化地区，加强滨水空间的开放可达，挖掘文化内涵，丰富活动内容，提升景观品质

Improve the openness and accessibility of waterfront space, explore cultural connotation, diversify activities and improve the quality of landscape in urban areas.

以打造国际化的滨水空间为目标，树立"开放、人文、美丽、绿色、活力、舒适"的理念，发挥河道在提升生活品质、塑造城市形象、优化生态环境中的关键作用。

■ 在郊野乡村地区，推进生态建设，尊重自然本底，打造原生态景观

Promote ecological construction, respect nature and build ecological landscape in suburban and rural areas

突出郊区、乡村特色，保持和恢复河流的自然走向和优美形态，增加各级河道的连通性，大力倡导河道的生态化建设，构建覆盖全域的"蓝＋绿"复合网络，打造上海郊区独特的"水乡林网"生态景观。

案例分析：具有国际影响力的黄浦江
Case: World-famous Huangpu River

黄浦江是上海的标志性城市空间，是上海近代金融贸易和工业的发源地，沿岸的变迁是上海城市发展历程的缩影。

20世纪后期黄浦江沿岸进入转型期，2002年启动的两岸综合开发建设拉开了黄浦江沿岸新世纪建设的序幕。历经十多年的发展，黄浦江沿岸正从工业、仓储、码头等生产性区域逐步转变为以公共功能为主的市民江岸。2010年世博会前，沿岸基础设施和环境品质建设进入优化提升期。2016年8月，上海市委市政府提出：黄浦江两岸建设要坚持"百年大计、世纪精品"的原则，围绕公共空间做好文章，2016年8月上海市政府提出：通过贯通黄浦江最核心的45 km岸线，建设开放共享的市民休闲空间，从滨江"大开发"走向"大开放"，实现"还江于民"。

两岸公共空间贯通规划聚焦"更开放、更活力、更人文、更美丽、更绿色、更舒适"的理念，在浦江两岸构建空间贯通、文化风貌、景点观赏、绿化生态、公共活动、服务设施六个系统，并结合滨江特色打造包括工业文明、海派经典、创意博览、文化体验、生态休闲、艺术生活等十个主题区段。

在规划指导下，至2017年底，45 km岸线实现全面贯通，精彩、连续、宜人的开放江岸呈现在大众面前，受到市民的高度认同。滨江成为可漫步、可阅读、有温度的宜人水岸空间，真正成为引领城市美好生活的共享舞台。

徐汇滨江

杨浦滨江

杨浦滨江：结合自身特点，提出了"以工业传承为核，打造历史感、生态性、生活化、智慧型的杨浦滨江公共空间滨水岸线"的设计理念建设具有杨浦自身特色的滨水公共空间和综合环境，提升地区整体活力，满足市民休闲健身、观光旅游的需求。

杨浦滨江

徐汇滨江：借鉴德国汉堡港、英国伦敦南岸等工业用地复兴成功经验，打造"上海CORNICHE"——规划120 hm² 公共开放空间，岸线长度11.4 km，分级设置防汛墙、抬高路面标高，形成可以驱车看江景的景观道路，活化历史遗存，丰富活动功能，建设水、绿、城、人、史融合的国际级滨水区。

徐汇滨江

目标二：
开放可达

加强滨水空间的公共性，提高开放性、可达性、连通性。

Objective 2:
Openness and accessiblity

Improve the openness, accessibility and connection of waterfront space.

公共开放
Public and open

■ 在保障安全的基础上，鼓励滨水空间积极向公众开放，并依据河道所处的功能、区位、景观、生态涵养等要求进行差异化引导

On the basis of guaranteed safety, encourage waterfront space to open to public and carry out differentiated design according to requirements of function, location, landscape and ecological conservation, etc.

公共活动型和生活服务型河道（段）：结合腹地空间规模和人流活动密集程度积极开辟和改造滨水公共通道、绿地广场及亲水平台等，最大限度地开放滨水空间，为市民提供观景、休憩的活动场所。

历史风貌型河道（段）：在充分保护历史文化遗产和原有空间尺度基础上，推动临水建筑和空间场所的更新利用，确保公共开放。

生态保育型和生产功能型河道（段）：积极进行景观、生态改造，酌情开放两侧空间。

■ 加密滨水区域的路网和通道密度，加强与城市公共交通系统的衔接

Increase road network and passage density in waterfront areas, strengthen the connection of urban public transport system

提高滨水区域的路网密度要求，灵活积极开辟慢行通道，优化滨水区域的交通可达性。

加强主要活动节点与轨道交通、常规公交、水上巴士等城市公共交通系统的衔接，统筹考虑水陆交通的一体化。

滨水空间与城市公共交通衔接方式示意
Diagram of waterfront space connecting with urban public transport

完善轨道交通、公共汽车、接驳巴士、旅游巴士等多样化的陆上交通网络，将滨水空间与城市空间通过交通网络衔接起来，提高滨水空间的可达性和交通便利性。

积极研究水上交通系统，形成轮渡、水上巴士、游轮等丰富的水上交通线路，将轮渡码头、游船码头等作为水陆一体的公共交通换乘点，与陆上交通网络紧密衔接，全方位提高滨水空间的交通可达性、便利性。

🚶 步行
🚌 公共巴士
Ⓜ 地铁
🚲 自行车
⛴ 水上巴士

交通换乘图
Traffic transfer

沿河贯通
Riverfront connection

■ 滨水区域建设连续、贯通的滨水公共空间
Establish continuous and connected waterfront public space in waterfront areas

采取多种方式进行滨水区域的贯通，积极利用建筑、码头、绿化等各种要素，保障人行的贯通。

重点打通因沿岸单位、设施及支流河道阻隔形成的多处断点，通过多类型"针灸"式设计实现断点贯通。

■ 沿河建设连续、安全、人性化的滨水慢行通道
Establish continuous, safe and people-friendly slow-traffic passage along the river

对滨水区域的交通动线进行整体设计，加强慢行通行，衔接重要的公共服务设施和公共空间等。

采用道路断面改造、绿地内步行道路设置、二层架空廊道建设等多种方式增加沿河慢行通道，优化慢行通道品质，完善相应的服务设施配套。

慢行通道宽度原则上不小于 3m，局部受限段确保 2m 以上，人流量密集、腹地空间充足区段可适当提高。

■ 提高滨水空间的亲水性
Improve hydrophilic property of waterfront space

在满足防汛安全、使用安全和管理便利的前提下，统一考虑设置亲水平台、水上栈道、沿水台阶等亲水设施。

结合滨水岸线的整体设计，积极利用码头、栈桥、架空平台等方式提高空间的亲水性。亲水设施建设应充分利用现有设施及结构，原则上不侵入水域。

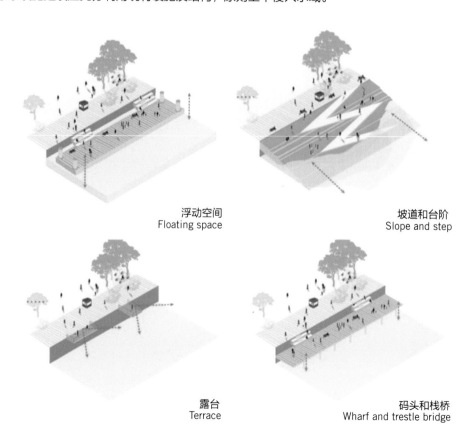

浮动空间
Floating space

坡道和台阶
Slope and step

露台
Terrace

码头和栈桥
Wharf and trestle bridge

连通可达
Connected and accessible

■ **分类分级，提升垂直河岸的慢行通道密度**
Carry out classification, increase slow-traffic passage density along vertical banks

依托生活型街道、滨水及沿路绿带、地块内部弄巷等，系统布局垂直于河岸的慢行通道，重点串联腹地轨交站点、重要公共服务设施与重要公共空间等，形成滨水至腹地的活力动线。慢行通道的设置密度，可根据河道（段）的功能特征分类分级予以确定。

公共活动型河道（段）：河道两侧城市功能开放性强、人流活动密集、腹地空间充足的区段，原则上间距不大于 150 m。

生活服务型河道（段）：河道两侧腹地空间充足、周边休闲活动及公共服务需求大的区段，原则上间距不大于 250 m。

对于建成区内的河道，应充分尊重现状，因地制宜地整合既有道路，适度加密。

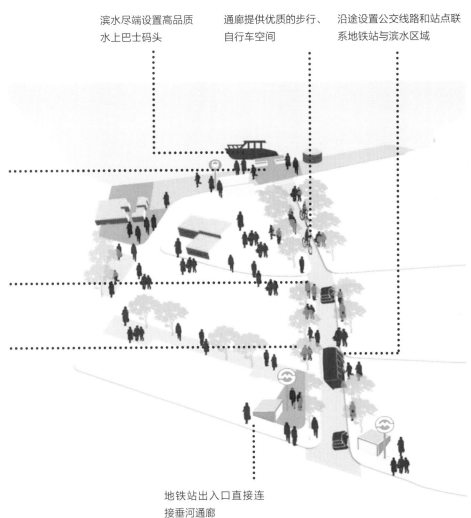

滨水尽端设置高品质
水上巴士码头

通廊提供优质的步行、
自行车空间

沿途设置公交线路和站点联
系地铁站与滨水区域

尽端形成节点空间，设置集
散活动广场，周边公共设施、
有轨电车站点、水上巴士码
头协同设置

垂河通廊设置高品质的地
面过街

直接连接轨道站点与滨水
节点的垂河通廊

地铁站出入口直接连
接垂河通廊

垂河通道设计示意图
Vertical river bank passage

■ **通过垂河通道联系腹地空间和滨水空间，与沿河慢行通道构成慢行网络**
Connect hinterland space and waterfront space by vertical river bank passage,
form slow-traffic network with slow-traffic passage along the river

垂河通道要打通腹地内公共空间、公共设施、社区服务等与滨水空间的连接，并与沿河
的通道或空间形成网络化的公共空间布局。

提升垂河通道的慢行环境品质和景观标识性，加强地面铺装、场所设计、绿化建设和设
施配套等。

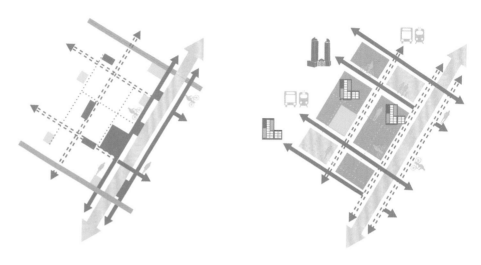

垂河通道联通腹地模式图
Vertical river bank passage connecting the hinterland

案例分析：苏州河垂河通道设置
Case: Vertical river bank passage arrangement of Suzhou River

在临空商务区、华东政法大学、M50文创园区、中远两湾城等地区增加10多条垂河慢行通道，优化通道品质，加强腹地商业中心、商办地区、公共绿地、
活动设施、公共空间等与滨水活动地区的联系。外环内按照河道区段所属区域，采取三种不同的垂河通道密度设置标准，主要通过生活性街道、沿
水绿地等方式增加垂江通道，通道须进行标识导引设置与慢行环境优化，并向腹地延伸两到三个街坊。

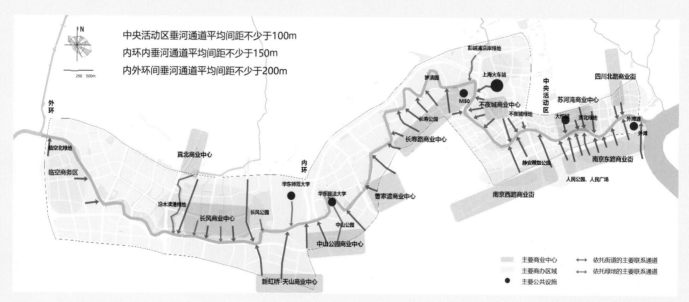

苏州河垂河通道规划示意图
Vertical river bank passage planning of Suzhou River

强化节点
Strengthen nodes ▦ 构建开放有度、规模适宜的滨水公共空间结构
Establish a waterfront public space structure with proper openness and scale

以精致、多样为原则，每隔一定距离设置公园、广场、绿地等不同规模的公共空间节点，构成点、线、面相结合的、整体开放连贯的滨水空间结构。

公共活动型河道（段）：河道两侧城市功能开放性强、人流活动密集的区段，原则上按1km设置1处的标准进行落实。

生活服务型河道（段）：周边休闲活动、公共服务需求大的区段，原则上按约1.5~2km设置1处的标准进行落实。

黄浦滨江　徐汇滨江

案例分析：黄浦江公共空间节点
Case: Public space nodes of the Huangpu River

形成主、次两级公共空间节点的布局。主要公共空间节点尺度较大，规模不宜小于1 hm²，能够集中承载如游赏、演艺、节庆、运动、展览等较大规模活动的滨江绿地、广场或二者的结合体；次要节点尺度较小，建议规模约300~500 m²，主要承载日常休憩、交流、休闲锻炼及小型的表演、展示等功能，可以创造更多供人们驻足、休憩和参与的机会。

黄浦滨江绿地

虹口滨江体育活动场地

徐汇滨江体育活动场地

目标三：
复合多元

Objective 3:
Integration and diversity

腹地开放空间和滨水空间应统筹设计，满足各类功能和活动需要。

Make overall design of hinterland open space and waterfront space, satisfy the demands for various functions and activities.

功能复合
Integrated functions

■ 提高滨水区域的公共功能比重，结合腹地空间的特点增加创新、创意、商业、旅游、文化、服务等设施

Enrich public functions in waterfront areas, increase facilities for innovation, creativity, commerce, tourism, culture and services according to the characteristics of hinterland space

公共活动型河道（段）：结合河道所处区域特色增加商务办公、商业、文化娱乐、文化博览、创意研发等功能，并加强功能的复合性。

生活服务型河道（段）：根据社区生活圈导则的要求完善社区配套服务，可适当引入地区级以上文化设施、商业设施，提升综合活力，融入滨水公共活动圈。

■ 加强滨水空间周边底层建筑功能的公共性

Improve public functions of ground-floor buildings around waterfront space

加强滨水空间周边底层建筑第一界面的公共性，设置文化、商业、休闲等功能，加强底层界面与室外空间的有效交互，丰富滨水整体空间的活力。

案例分析：不同功能河段的滨水空间复合设计
Case: Integrated waterfront space design for river section with different functions

商务主导功能的河段，引进市级商业、文化、居住等辅助功能，进一步提升活力。两岸建筑的底层鼓励设置开放的功能，设施宜布置在人能便捷到达的建筑三层以下区域。

文化主导功能的河段，在文化主导功能的打造上，注重深度和广度的挖掘，并考虑旅游配套设施的布局。要考虑大小型设施的综合配置，结合开放空间预留开展大、中、小型室外文化活动的可行性。

创意主导功能的河段，利用多样化办公、艺术家、设计师等优势，鼓励公共空间与住宅、展示、创新研发等功能相结合，设施配置时应充分考虑相关人群的需求。

徐汇滨江空间

苏州河滨河空间

浦江滨江空间

多元场所
Diverse space

■ 加强腹地空间和滨水空间的复合，构建多元空间
Strengthen the integration of hinterland space and waterfront space, create diverse space

结合滨水地形等条件，整合腹地、滨水、水上空间，灵活设置满足旅游休闲、文化交流、生活游憩、体育健身等多种功能复合的公共活动场所，为市民提供不同标高、不同形式、不同视野的场所体验。

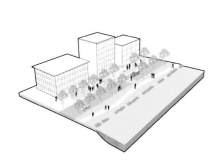

沿河建筑前区作为滨水活动空间的补充
Make front section of riverside buildings a supplement to waterfront space for activities

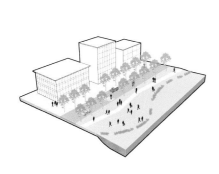

河道护岸沿河空间满足通行需求和生态景观设计
Riverfront space of river revetment should meet requirements of passage and ecological landscape design

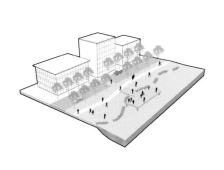
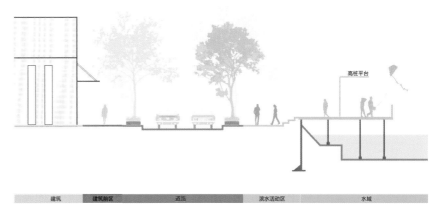

充分利用现状高桩平台增加滨水公共活动空间
Use existing high-pile platforms to increase waterfront space for public activities

■ **加强建筑底层界面和周边开放空间的功能复合**

Strengthen functional integration of ground-floor building interface and surrounding open space

通过建筑底层公共性功能的设置，打开建筑界面，增加建筑出入口，使建筑内部空间与周边滨水空间形成直接的联系。

增加建筑底层界面出入口，与滨江空间有更好的交流

滨江建筑提供被动监视作用，增加空间的安全性

售货亭等临时建筑增加滨江活动，相应缩小了滨江公共空间的尺度

建筑底层界面开放模式图
Diagram of open interface of ground-floor buildings

■ **提高滨水空间的立体复合性**

Enhance three-dimensional integration of waterfront space

综合考虑地面、地上的空间，以及地下空间，统筹空间的连通性，通过立体空间的分隔，缓解车行交通对慢行交通的影响，丰富慢行空间的趣味性，提高慢行环境的安全性和景观性。

案例分析：黄浦区滨江董家渡公共绿地设计
Case: Waterfront Dongjiadu public green space design in Huangpu District

通过建筑方案形成地下、地面、二层连廊三层交通体系，地面作为车行道路的主要通行道路，地下和二层连廊作为主要的人行活动区域。

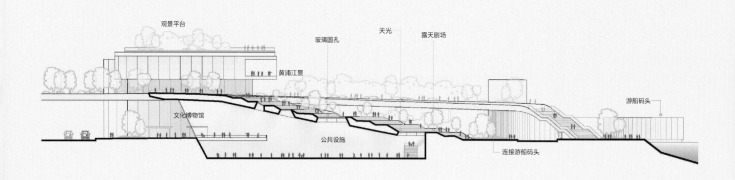

董家渡公共空间绿地剖面图
Section of Dongjiadu public green space

目标四：
品质魅力

提升滨水空间的场所感、景观性和艺术性，提高滨水设施的美观性。

Objective 4:
Attractive quality

Improve the sense of place, landscape and artistic design for waterfront space as well as aesthetic appeal of waterfront facilities.

建筑界面
Architectural interface

■ 沿河形成富有韵律的建筑群落，提高建筑精致度，形成优美的水岸景观

Build rhythmically-arranged architectural complex along the river, improve architectural refinement and produce beautiful riverfront views

整体考虑营造沿河两岸富有韵律、特色突出、形态优美的建筑环境景观。现状建筑鼓励结合区域城市设计进行更新改造，新增建筑的设计应充分考虑精致度、景观性，与现有建筑和景观特点充分协调。

历史风貌型河道（段）两侧，应充分尊重原有建筑肌理、体量、色彩、风格，传统建筑应做到修旧如故，新建建筑应与传统建筑、历史风貌相协调。

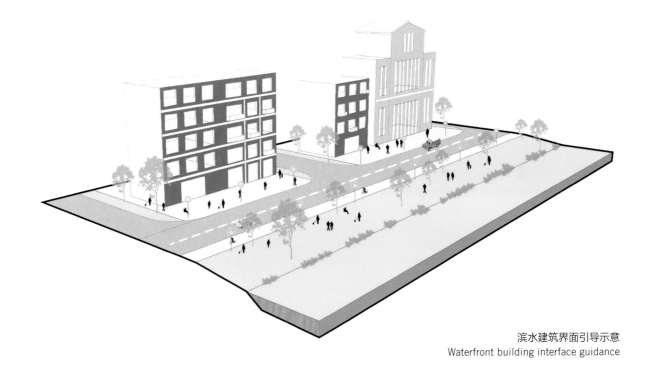

滨水建筑界面引导示意
Waterfront building interface guidance

■ 引导并控制滨水区域的建筑高度

Guide and control building heights in waterfront areas

宽度不大于 12 m 的河道（段），应双侧控制建筑高度，建筑高度不宜大于河道宽度加两侧滨水开放空间宽度之和。

宽度大于 12 m 的河道（段），应单侧控制建筑高度，建筑高度不宜大于该建筑至相邻河道蓝线的宽度。

■ **分类分区落实色彩引导措施**

Carry out color guidance measures by classifying and zoning

引导和谐与特色并重的河道沿线色彩环境，与自然环境、历史环境及公众观感相协调。根据河道自身情况，选取影响因子，各影响因子依据一定的重要性排序，叠加研究后以划示色彩分区，并与上海的城市规划管理体系相衔接，划定色彩管控分区。

色彩分区影响因子选取表
Color zoning influence factor selection table

影响因子 Influence factor	分类 Classification	影响模式 Influence model
风貌特色 Landscape characteristics	历史风貌（公共建筑、工业遗产、居住建筑、大专院校、历史公园）	提取色彩基因的历史沿革
	现代风貌	总结现代风格示范段的成功经验
用地功能 Land use	商务、商业、居住、文体、工业、生态	不同功能的建筑群有着不同的色彩控制要求
活力度 Vitality	中央活力段、郊野生态段、其他区段	活力度对视觉丰富程度的要求决定了色彩配置和管控方式
建设动态 Construction status	建成段、局部更新段、其他区段	建设情况直接影响后续整治、改造、引导的可能性和力度
展示面 Display interface	凸岸、凹岸、向阳面、大型绿地周边、主要景观界面（依据人流密度等分析得出）	重要的展示面是色彩管控的重点对象

案例分析：国际滨水区色彩管控方法
Case: Color control method of international waterfront areas

在色彩管控方面，世界级滨水区主要采用开展色彩规划和制定色彩法规两种方式，其中色彩规划以巴黎塞纳河、阿姆斯特丹滨水区、杭州西湖为代表，色彩法规以《东京港区城市空间色彩规划》为代表。

巴黎塞纳河两岸建筑在合理的控制下形成了协调的滨水区色彩，2012年启动的塞纳河岸更新项目也使其成了巴黎市中心最具活力和空间魅力的地方。在城市色彩上，色彩规划的整体色调简单明了、整齐划一，建筑墙体基本是由亮丽而高雅的奶酪色系粉刷，局部运用亮色，许多老建筑都装饰着璀璨耀眼的金色，形成巴黎城市色彩中的提亮色。色彩管理则是由文化部下的城市色彩规划部门对城市色彩进行统一指导，色彩规划也作为政府条例进行颁布，同时还制定了城市色彩管理制度。

此外，阿姆斯特丹滨水区、杭州西湖等滨水区也对城市主色调进行规划管控，其中阿姆斯特丹沿河色调以红色、棕色、黄色等暖色系色调为主；杭州西湖确定了14个色彩分区，其中建筑色彩重点控制区6个，建筑色彩一般控制区8个，以中墨—浓墨—厚彩—水墨—中彩—淡彩交替形成系列主题色。

阿姆斯特丹滨水区

巴黎塞纳河

桥梁
Bridge

■ 构建与滨水空间联系便捷的跨河桥梁
Establish bridges across the river to connect waterfront space

跨河桥梁设置应综合满足城市交通、城市功能、城市景观、防汛安全等方面的需求，重点加强跨河桥梁与滨水空间、周边道路的慢行系统衔接，方便两岸及滨水空间的慢行联系。

苏州河东段桥梁
Bridges across the Suzhou River(east section)

■ 合理确定跨河桥梁的梁底标高

Determine reasonable beam bottom elevation of the bridge across the river

在满足防汛安全、通航要求等前提下，新建桥梁梁底标高可与河道现状桥梁的梁底标高保持一致，跨河桥梁优先采用平桥过河方式。

具有风貌保护要求区域的桥梁梁底标高，需经过相关专家论证。

案例分析：苏州河上的昌平路桥
Case: Changpinglu Bridge over the Suzhou River

昌平路桥是联系老闸北与老静安的天然纽带，是闸北、静安"撤二建一"后首推的重大工程。新静安区"苏州河一河两岸"的规划研究成果中将昌平路桥定位成一座景观性的交通要道，因此十分重视该桥的景观设计。经过多轮专家评审，确定将昌平路的桥型定位为"平桥"，一跨过河，并且将梁底标高从6.5 m降到了5.7 m。

随后抓紧进行桥梁景观设计，以文化性、景观性、原创性为创作目标，结合静安区一河两岸规划，充分考虑人文元素，力求桥梁设计切合主题，彰显上海城市的地方特色和地方文化，做出了若干备选方案，经专家评审确定了最终的景观方案——"苏河之眼"——形式新颖活泼，现代感强，在断面布置上将人车分离，为行人创造了良好的观景休憩空间。

苏州河昌平路桥设计效果图

具有历史风貌特征和历史文化价值的桥梁应保护原有风貌

The original feature of the bridge with historical and cultural value should be preserved

作为具有历史风貌特征的桥梁，其结构、外观、材质、功能等均应保持其历史风貌，不得擅自更改。

两岸新建跨河桥梁应与周边历史风貌环境相协调，体现桥梁形式多样性，展现人本、艺术、生态等新的发展导向和新的技术手段，彰显桥梁的技术美及艺术张力，提升滨水景观品质。

水利和排水设施
Water conservancy and drainage facilities

■ 设施建筑注重协调性、隐蔽化

Utility constructions should be well coordinated and hidden

泵闸等水利设施应注重自身结构形式对周边环境的影响，尽可能选择隐蔽性好、与周边环境相协调的形式，注重设施隐蔽化。在保证设施结构安全和满足其使用要求的基础上，设施建设应充分利用地下及水下空间。

雨水泵站建筑风格应与河道周边环境融合统一，特别是公共活动型河道（段）和生活服务型河道（段）应符合滨水区域景观化要求。雨水泵站的出水口位置应避让桥梁、水利枢纽等构筑物，出水口和护坡不得影响航道和行洪安全，出水口应设置警示牌。

■ 设施尽可能功能复合集成

Facilities should be integrated in functions

水利设施兼顾水利、市政交通、通航及观光等多种功能，注重设施功能复合集成化，造型设计新颖、功能合理组织、空间丰富处理。可结合周边建设和环境，将水利枢纽建筑物打造为具有较佳景观效果的功能性建筑物。

雨水排放口的设置应避免在开阔视角范围内密布，可与亲水平台、木栈道、跨河桥梁及护岸垂直绿化等结合布置，辅以镶嵌、浮雕、设置艺术挡板等方式对雨水排放口造型进行改造，做到设施隐化。

■ 设施注重景观化、艺术化

Facilities should come with landscape and artistic design

对于重大的水利设施，尤其应注重水利建筑景观集成创新。在保证下部结构安全的基础上，建筑自身作为景观服务大众，外部环境宜人，内部环境舒适，美化城市环境。

案例分析：苏州河河口水闸
Case: Water Gate at the mouth of the Suzhou River

苏州河河口水闸采用单跨 100m 底轴驱动翻板水下卧倒门，水闸全部设施均布置在水面或地面以下，不影响周边景观，解决了城市狭小空间水利设施与文化景观、生态环境和不断流施工难题。

苏州河河口水闸

防汛墙
Flood control wall

■ 采取多样化、灵活化、景观化、一体化的防汛墙
Use diverse, flexible, scenic and integrated flood control wall

空间比较充足的滨水空间，防汛墙可采用与绿地缓坡结合的方式进行设置。利用生态缓坡，将防汛墙适当后退，隐于坡下或绿化景观内。防汛墙可通过景观设计来软化防护边界，并供公共空间活动使用。

空间相对狭窄且活动需求较大的滨水空间，防汛墙可采用与护岸结构结合的形式建造，结合滨水空间，将防汛墙作为岸线结构的一部分进行设计。

空间非常狭窄的历史风貌区内滨水空间，防汛墙可采用直立式防汛墙，并对防汛墙进行景观优化，提升视觉和亲水感受。

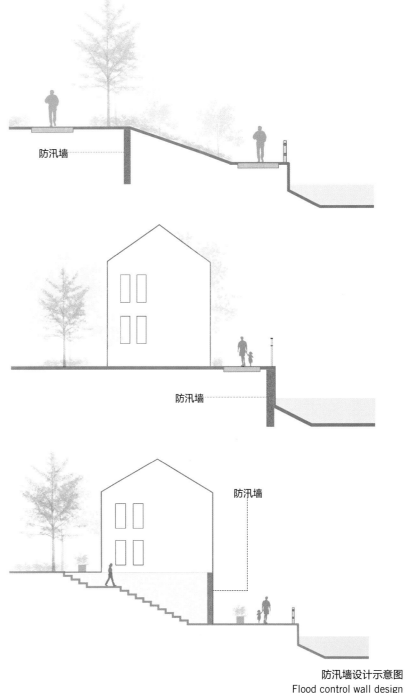

防汛墙

防汛墙

防汛墙

防汛墙设计示意图
Flood control wall design

绿化
Greening

■ **适地适宜设计具有一定规模的公共绿地，丰富滨水景观**
Design properly-sized public green space in proper scale to enrich waterfront landscape according to local conditions

应最大化利用现状水绿资源，注重点、线、面生态空间的有机结合，保证绿化的服务均衡性，完善滨水区域绿地规划布局，形成互联互通的滨水蓝绿生态网络格局。

公共绿地应具备一定规模，可容纳满足公共活动、人流使用、服务配套等空间需求，形成面状或带状形式布局。

■ **合理搭配树种，形成优美的绿地景观**
Rationally plant trees of various kinds to create beautiful green space

公共绿地宜种植高大乔木，植物配置宜疏朗通透，便于人流活动使用，可结合乔木、绿化等设置座椅、景观小品，方便人们活动、休憩。

公共绿地的植物设置应充分考虑多样性和不同季节的景观效果，应优先选用适宜本地、生长快、树冠分散、高度适宜、无毒无害的绿化植物。不滥用名贵树种。古树名木应原地保留、保护。

堤防绿化应满足堤防安全要求，硬质护岸结构范围内一般不宜种植乔木。

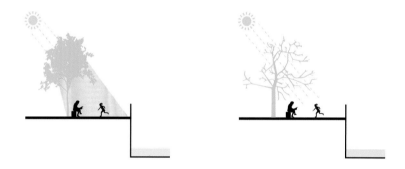

树种搭配示意图
Diagram of mixing trees

■ **鼓励设置多样化的立体绿化**
Encourage the diversification of vertical planting

鼓励结合滨水建（构）筑物设置立体绿化，如屋顶绿化、半地下室屋顶绿化、垂直绿化等。立体绿化应结合滨水空间整体考虑，避免过于突兀。

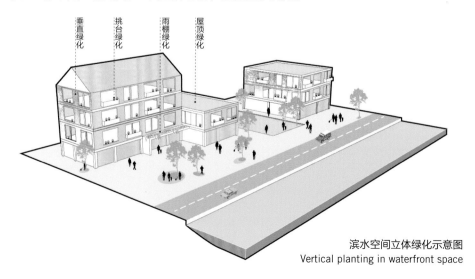

滨水空间立体绿化示意图
Vertical planting in waterfront space

公共艺术
Public art

■ 设置能体现时代风貌的公共艺术品，提升滨水区域的文化魅力

Set up public art works that show the spirit of the times, improve cultural charm of waterfront areas

大型公共艺术品宜在河道滨水空间重要节点处设置，中小型公共艺术品宜结合建（构）筑物、铺装、绿地等空间进行设置。

公共艺术品的设置应充分考虑与腹地的视觉联系，以及空间尺度的协调性。

■ 提升滨水空间环境品质，增强公共空间艺术性

Improve environmental quality of waterfront space and artistic design of public space

合理配置街道、广场、绿地中的家具设施，增强其景观艺术特性。

增加雕塑、小品、水景等公共艺术的设置，提升艺术品质、强调文化内涵。

加强标示牌的引导性和艺术化效果，标识的内容应明确清晰，内容包括所在区域位置、指示内容、警示、宣传等。

■ 综合考虑滨水灯光照明，打造河道优美夜景

Give comprehensive consideration of waterfront lighting, create beautiful river views at night

河道滨水空间应结合场所空间设计、绿化环境景观、人流活动流线、公共服务设施等整体设计、考虑、配置灯光照明设施。

案例分析：黄浦江滨江两岸公共艺术设计
Case: Public art design of both banks of the Huangpu River

虹口滨江

杨浦滨江

杨浦滨江

徐汇滨江

第七章

人文之河

CHAPTER 7
HUMANISTIC RIVER

河道是城市文化发展的重要载体，应延续和传承河道的历史和文化风貌特质，丰富公共服务设施，开展沿岸文化、休闲、娱乐等公共活动。

River provides an important support for the development of urban culture, so its historical and cultural features should be preserved, and public service facilities should be augmented for public activities (culture, relaxation, entertainment) along the river.

目标一：
人水相依

延续上海"城市依河而建、产业伴河而生、百姓临河而居"的传统文脉，进一步拓展新时代上海水文化的新内涵。

Objective 1:
People-river interdependence

Continue upholding Shanghai's traditional context of "establishing the city by the river, developing industries by the river and people living by the river", further expand new connotation of Shanghai's water culture in a new era.

文化传承
Cultural inheritance

■ 保护和延续上海的"水乡文化"和"海派文化"
Preserve and inherit Shanghai's "water town culture" and "Shanghai-style culture"

保护上海沿水集市、城镇发展的水网格局特征，彰显河湖交错、水网纵横、小桥流水、古城小镇的"水乡文化"。

延续上海作为国际交流门户的作用，体现中西方不断碰撞、融合，追求卓越，勇于创新的"海派文化"。

人文发展
Cultural development

■ 以上海独特的水陆格局为载体，依托传统文化，适应国际化大都市发展要求，进一步丰富河道及两岸的人文内涵和活动内容
On the basis of Shanghai's unique river-land pattern and traditional culture, meet development requirements of international metropolis and further enrich cultural connotation and activities of river and its banks

进一步挖掘、保护和传承水文化，建设生境丰富、河美宜居、智慧活力、人水和谐的文明社会，发展成为都市文明与水乡特色融为一体的东方水都。

案例分析：松江新城宜人水环境
Case: Agreeable water environment of Songjiang New Town

松江新城以景观宜人的河道环境，吸引了丰富多彩的水上娱乐活动。沈泾塘、华亭湖等一批生态景观河湖，近岸区域用地属性多样，有泰晤士小镇建设用地、公共设施用地等，河湖建设与周边地块开发紧密结合，通过对近岸公共开放空间的协同打造，创造出不同功能、风格独特的河道景观域段，形成若干重点水域和重点景观区段，水陆景观交相呼应，城水相融、人水相依。

松江新城河道水上活动

案例分析：青浦区朱家角镇
——历史保护和传承演绎的典范

Case: A good example of historic preservation and inheritance in Zhujiajiao Town, Qingpu District

朱家角是"由水而生，因水而兴"的传统江南水乡古镇。自然地理环境、古镇空间布局、建筑、街巷、河流、桥梁等历史环境要素及镇上的传说生活方式，形成了朱家角"小桥、流水、人家"的自然景观和生活场景。

尚都里休闲广场地处古镇风貌保护区核心位置，处于古镇保护区、老镇保护区、老镇协调区三个板块交汇处，占地面积 39485 m²，由五位国内知名设计师参与设计。

水乐堂由谭盾与日本矶崎新工作室联合打造。将老宅改造成为一个多功能的艺术空间，通过引入循环流动的河水，将室内外空间连通，形成独特的视觉体验。

放生桥鸟瞰图

朱家角鸟瞰图

目标二：
延续风貌

展现上海"江南水乡、枕水而居"的风貌特色。

Objective 2:
Original style and features preservation

Showcase Shanghai's style and features of "water town in Jiangnan Area, living by water".

肌理格局
Texture

■ **延续和彰显乡村聚落与水系相互依托的特色肌理**
Uphold and show characteristic texture of the interdependence between rural settlement and water system

郊野地区应充分尊重上海依湖、临江、滨海的冲积平原地貌特征及各自特点，保护河、湖、沟、渠、塘等多样的水体形态。

保护不同区域村落与水系的共生关系，维护和延续沿水自然形成的直线型、"十"字型、"X"型、"丰"字型等村落的肌理特征及空间形态。

保护环淀山湖等地区以水为脉、建筑临水而居的村庄聚落格局，突出典型的江南水乡河网密布、湖泊连绵的水系肌理特色。

保护崇明三岛地区具有江南韵味及海岛特色的景观风貌。贯彻"连、通、畅、活"的原则，突出水系以平直的水流、棋盘式交叉的特征肌理。

保护滨海平原地区结合散布的水塘及河道，延续保留村随水系有机布局的肌理形态。

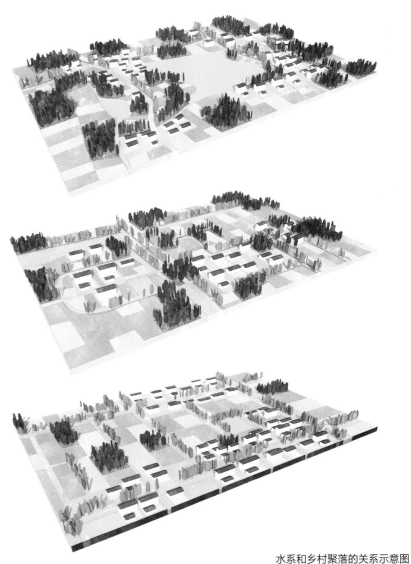

水系和乡村聚落的关系示意图
Diagram of the relationship between water system and rural settlement

■ **保护及延续街巷、建筑与水系形成的空间格局关系**
Preserve and uphold spatial pattern relationship between streets, buildings and water system

对具有传统江南水乡风貌的地区，保护及传承河、路、建筑形成的建筑临水、河街相生、埠头密布等空间布局特色，展现建筑布局与自然环境的紧密互动关系。

传统江南水乡风貌地区，建筑临水线应满足防汛安全要求，确因风貌管理要求无法满足的，应制定应急方案，且需利用建筑后方道路、堤防等形成封闭的防汛线。

城镇化地区需加强对滨水区域典型肌理提炼分析，新建建筑体量、平面形态组合、建筑密度、群体空间布局等要素与历史建筑协调。

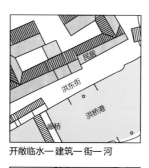

开敞临水—建筑—街—河

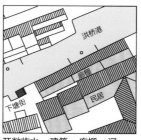

开敞临水—建筑—廊棚—河

背河临水—水阁空间

开敞临水—建筑—骑楼—河

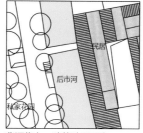

背河临水—建筑贴河而建

水系和街巷关系示意图
The relationship between water system and streets

风貌河道
Historic river

■ **推动深度挖掘，增补风貌保护河道**
Advance in-depth exploration, increase historic landscape and protect rivers

除已经批准的风貌保护河道以外，对沿线保留有一定数量历史建筑、历史上长期作为城镇生活交通贸易生命线且具有景观价值的河道，应进一步挖掘梳理，列入风貌河道保护的增补名单。

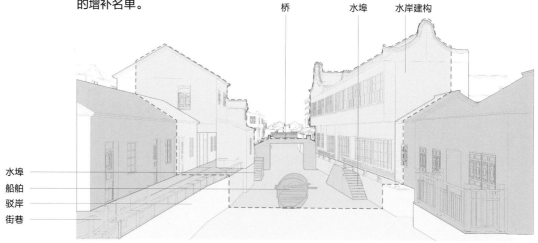

风貌河道保护要素
Historic river protection factors

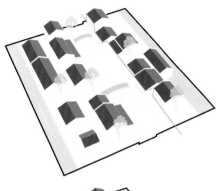

■ 保持或恢复风貌保护河道原有的风貌特色及空间尺度
Preserve or restore historic landscape, maintain original style and features and spatial scale of rivers

风貌保护河道应保持河道现有的走向、宽度，不得填没、改道或拓宽，应保持现状或恢复历史原有的风貌特色及空间尺度。如因水利建设或泄洪要求拓宽河道，应当结合整体水系布局寻求解决方式，重新进行整体沿河风貌设计。

穿越历史文化风貌区的河道蓝线，应尊重并保持河道沿线现状建筑、古树、护岸、埠头等要素。根据历史文化风貌区保护规划，新建或改建建筑可贴河道蓝线建设，延续历史文脉。

风貌保护区沿河建筑高度
Riverside building heights in historic conservation area

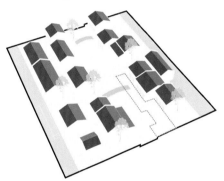

风貌保护区沿河护岸设计
Riverside revetment design in historic conservation area

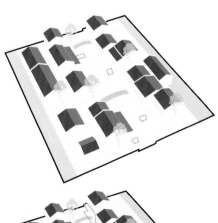

风貌保护区沿河临水建筑
Riverside buildings in historic conservation area

风貌保护区沿河街巷宽度
Riverside street width in historic conservation area

历史遗存
Historical relics

■ **深度挖掘滨水历史遗存，拓展保护对象**
Explore waterfront historical relics and increase objects of protection

注重文物遗产和历史保护对象的延伸，关注对滨水工业遗产、里弄街坊、古树名木的抢救性保护。

公共活动型的河道（段），鼓励将沿岸近现代大型公共建筑、承载城市事件的公共建筑等纳入保护体系。

■ **活化利用滨水历史遗存，彰显文化风貌特征**
Revitalize waterfront historical relics to showcase cultural landscape and features

滨水工业遗存：鼓励结合区段功能定位和风貌主题进行活化利用，在老建筑内添加新结构，从而获得更为丰富的空间，以适应新的功能。

滨水居住建筑：宜以局部更新、渐进式更新为主，优先考虑居住建筑自身的整治修缮。

滨水公共建筑：在延续历史文脉和保护特色风貌基础上，将建筑初始功能和保护要求紧密结合，结合现代生活方式，探索合理利用。

其他历史要素：积极将码头、塔吊、古树名木等历史要素融入绿地、广场等开敞空间体系，丰富场所空间体验。

■ **保护及修复古桥、水埠、码头等反映水景观特色的环境要素**
Protect and restore environmental elements showing distinctive water landscape, e.g. ancient bridge, pier and port

历史风貌型河道（段），因地制宜地保护历史形成的构筑物如古桥、古石护岸、古牌坊和石质地面铺装等其他环境要素。

现状保护情况不佳的古桥，考虑对桥墩、桥面、栏杆等要素进行保护型修缮，恢复本真特征。鼓励新建桥梁与传统风貌相协调，恪守适宜尺度和形体美感，避免比例失调、风格突兀。

保护修复和局部修缮的水埠码头根据原真性原则，宜采用历史的材质，新建改造的水埠建议采用与相邻的护岸相同或相近材质。

各类型历史遗迹功能活化建议
Suggestions for revitalizing functions of various historical relics

历史遗迹分类 Historical relics classification	特征分析 Characteristics analysis	更新利用导向 Renewal & utilization direction						
		居住 Residence	商业 Commerce	文化 Culture	餐饮 F&B	娱乐 Entertainment	办公 Office	户外游憩 Outdoor recreation
工业类 Industries	建筑保护和再利用适应性较大，需要明确保护价值，探索多样化利用方式	△	√	√	√	√	√	△
居住类 Residence	建筑密度较高、保留后更新利用难度较大，建议仍以居住和文化功能为主	√	△	√	×	△	△	×
公共类 Public use	建筑初始功能和保护要求结合紧密，探索合理利用	×	√	√	△	△	√	△
其他类 Others	古树名木：基本保持原有的空间格局和园林风格	×	×	×	×	×	×	√
	建构筑物：建筑初始功能和保护要求结合紧密，探索合理利用	×	×	√	×	×	×	△

√优先选取功能 △可以选取功能 ×禁止选取功能

目标三：
丰富设施

设置满足生活和文化相关的各类配套设施。

Objective 3:
Diverse facilities

Set up various facilities for daily life and cultural acivities.

环境游憩
Environmental recreation

■ **布局与人流相匹配的环境游憩设施，提升滨水空间服务水平**
Arrange environmental recreation facilities according to pedestrian flows, improve service level of waterfront space

公共活动型、历史风貌型河道（段）的滨水空间应有游憩标识，提供公共卫生、便民服务、城市家具、安全预警等环境游憩设施。

城市家具包括座椅、垃圾箱、信息亭等。城市家具的设置应体现新材料、智能化、生态节能环保等时代特征，同时便于使用，与周边环境相结合。

河道滨水空间配套电线杆、变电箱、设备箱等市政配套应隐蔽化处理，可结合场所空间、绿化环境等进行整体设计。

座椅　　　　健身器材　　　　垂钓平台　　　　步道　　　　警示标识

指示标识　　　信息查询标识　　　公交站台　　　自行车停放点　　　无障碍设施

环境游憩设施示意
Environmental recreation facilities

虹口滨江体育设施

浦东滨江步道

黄浦滨江标识系统

文化设施
Cultural facilities

■ **充分利用滨水公共空间, 设置丰富多样的文化设施**
Make full use of waterfront public space, set up diverse cultural facilities

位于城市（镇）中心段的公共活动型河道（段）的滨水空间适度布局高等级的文化设施，形成浓郁的文化氛围，建成面向全球的文化标志；其余公共活动型河道（段）鼓励错落布局文化娱乐、演出展览、博览参观等点状小型文化设施，强调设施内涵和地域化特色，形成内外服务兼容的趣味场所。

综合服务
Comprehensive services

■ **植入多样化、综合性的社区公共服务功能, 保障居民生活便利性**
Provide diverse and comprehensive community public services to make everyday life more convenient

生活服务型、历史风貌段河道（段）鼓励滨水公共开放空间植入小微化的公共服务设施，最大程度提高市民的使用便捷性，同时提高利用效率。

结合滨水绿地、第一层面建筑底层设计功能复合集约的社区综合服务点。服务点面积不宜过大，内部设置寄存、自动贩售机、紧急医疗救助点、无线通信、书报亭等公益性功能。

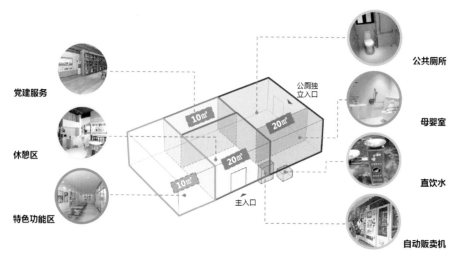

综合服务设施功能示意图
Comprehensive service facility functions

黄浦江滨江服务驿站

黄浦江滨江服务驿站

目标四： 精彩活动

依托滨水空间组织都市休闲和民俗生活活动。

Objective 4:
Activity organization

Organize urban leisure and folk life activities in waterfront space.

旅游休闲
Travel

■ **结合旅游主题定位，组织水上旅游线路**
Make water travel itineraries according to travel themes

对于黄浦江、苏州河、淀浦河等重要河道，可鼓励开展水上城市观光旅游项目。依托河道两岸建筑与城市景观资源，以水上游船为载体，集中展示上海特色形象风貌。

丰富水上游览类型，面向游客、商务群体和普通居民等各类人群，提供多级别、多类型的游船产品。

■ **加强游船、码头、陆域交通的统一规划，实现水陆联动，无缝对接**
Strengthen unified planning for cruise, wharf and land transportation to achieve seamless water-land connection

游船码头布局与陆上重要交通节点相结合，提升河道及沿河陆域相关航运设施服务能力，盘活陆域资源，科学合理设置水域及陆域的交通流线。

可结合滨水空间附近轨道交通站点构建综合交通枢纽，考虑自行车等非机动车的停放和使用，有条件的应配置滨水短驳公交及出租车候车点，更好地服务滨水旅游功能。

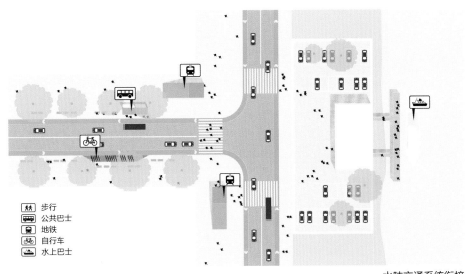

步行
公共巴士
地铁
自行车
水上巴士

水陆交通系统衔接
Connection of water and land transportation systems

特色活动
Special activities

■ **组织丰富多元的水上活动**
Organize diverse water activities

适当考虑加强水上娱乐游憩活动组织。结合旅游节点与线路，组织游船、帆船、赛艇、划艇等多元的水上主题游览活动，丰富休闲娱乐体验。

在现状具有一定影响力节事活动的基础上，丰富活动内容，扩大影响力，强化品牌特征，如龙舟赛、端午花船巡游活动等。

▨ 滨水空间组织大型公共活动，提高活力
Organize large public activities in waterfront space

对于城市中心区和旅游风景区等沿河空间较为充足的河道（段），滨水区域可根据空间特色、人流密度、活动需求等，定期组织如开放式音乐会、巡游表演等时尚文化活动，以及定向越野、马拉松、自行车等体育健身活动。

滨水旅游活动组织
Organize travel activities in waterfront space

案例分析：水城金腰带、市民乐生活——青浦环城水系水上游览
Case: A golden water belt for citizens' water travel of the water system around Qingpu District

青浦环城水系由西大盈港、上达河、油墩港、杨泾港及淀浦河等河道组成，总长约为21 km，总面积约为 150 hm^2。青浦环城水系建设将分别结合河道两侧功能特点，加强水系连通，打造若干以生态水景、历史文化、休闲旅游及健身运动等功能为主体的水系公园，重塑上海水城新典范，打造青浦都市休闲旅游新品牌。同时，依据青浦新城游船码头规划，结合环城水系的景区节点，综合考虑设置码头16 个。形成水上观赏游线，成为青浦观光夜景特色。

青浦环城水系活动游览结构图
Structure chart of water travel activities around Qingpu District

民俗生活
Folk life

■ **引导河道滨水空间的休闲游憩活动，营造生活气息**
Give directions on leisure & recreation activities to add life to riverfront space

生活服务型和位于风景区、郊野公园内的生态保育型河道（段），两侧可酌情设置供市民垂钓、游憩等活动的滨水区域。

■ **还原和展示河道水岸生活场景与生活方式**
Restore and show riverfront life scenes and lifestyles

历史风貌型河道（段）应考虑还原沿河茶馆、食肆、商铺等生活场景。滨水预留公共空间，展现沿河现代茶馆食肆商铺生活场景；具有旅游功能的河道可酌情考虑在游船上设置茶馆食肆商铺等功能。

■ **塑造非物质文化遗产的展示空间**
Create display space for intangible cultural heritage

历史风貌型河道（段）的设计应整体考虑地区非物质文化遗产的展示，发扬与延续地方文化传统，保护地方典型民俗和传统商业业态，塑造展示空间，通过多样形式强化文化内涵的展示。

生活服务型和历史风貌型河道（段）滨水空间保护各处老字号商铺的位置、建筑和特色经营产品，保护地方传统产品的生产工艺和生产场所，保护名人活动及重大历史事件的各类历史信息，包括名人故居、重大历史事件发生地等。

案例分析：松江区泰晤士小镇河道及内部水系
Case: River and internal water system of Thames Town, Songjiang District

松江泰晤士小镇河道景观
River landscape of Songjiang Thames Town

第八章

创新之河

CHAPTER 8
INNOVATION RIVER

河道及沿河陆域是上海城市管理机制创新、自然资源统筹及智慧高效运维的重要载体。未来上海河道的建设需从规划设计理念、建设方法以及管理制度等多方面探索支撑创新之城建设。

River and riverfront land provide important support for Shanghai's urban administration mechanism innovation, natural resource planning and smart and efficient operations and maintenance. Shanghai's future river construction needs to advance in planning & design concept, construction method and management system to support the construction of innovative city.

目标一：
一河一策

Objective 1:
One River One Policy

深入贯彻"河长制"，因地制宜地实施"一河一策"，开展河道评估工作，建立上海市河道规划、建设、管理统一的目标、原则和价值体系。

Implement the "river chief system", carry out "One River One Policy" according to local conditions, perform river assessment and establish unified objective, principle and value system for Shanghai's river planning, construction and management.

因地制宜
Suit measures to local conditions

■ **因河（湖）施策，统筹协调，责任明晰**
Carry out river (lake) measures according to local conditions, make overall planning and coordination and define responsibilities clearly

依据《本市全面推行河长制的实施方案》《关于进一步深化完善河长制、落实湖泊湖长制的实施方案》《水污染防治行动计划》和《上海市水污染防治行动计划实施方案》要求，因河（湖）施策，因地制宜，切实完成水环境质量整治目标。

统筹处理好水下与岸上、整体与局部、近期与长远、治标与治本、干流与支流、水环境改善与防汛安全的关系。

严格落实各区河道整治的主体责任，强化属地管理、属地责任；注重发挥市级管理部门的综合职能，强化协调推进、政策引导和监督考核。

河道评估
River assessment

■ **建立适合上海中小河道的评估机制**
Establish assessment mechanism for small-and-medium-sized rivers in Shanghai

针对五类河道（段）类型（公共活动型河道、生活服务型河道、生态保育型河道、历史风貌型河道、生产功能型河道）分别建立差异化的评估体系，采用合理的评估方法，在规划编制、技术审查、建设管理等阶段对河道进行全周期的评估。

评估对象为河道及其周边开放空间，以沿河第一条道路红线或建筑控制线为边界，统筹蓝绿空间。此外，滨水建筑控制线之后的腹地应一并研究，滨水建筑立面应与滨水陆域空间进行一体化设计。

综合考虑河道相关的规划、水务等各方面内容，统筹协调各类相关要素，寻求管理上的突破。

资源统筹

贯彻落实集约节约、弹性管控的规划原则，统筹区域河道及其周边地区建设目标及相关要求，创新指标核算方式，实施用地分类管理。

Objective 2:
Resource planning

Implement the planning principle of intensive conservation and flexible control, set forth objective and relating requirements for the construction of regional rivers and surrounding areas, innovate index assessment method and carry out classified land management.

分类管控
Classified control

■ **采取"指标管控"与"空间管控" 结合的控制方式**
Adopt control method combining "index control" and "space control"

规划河道水系采取"指标管控" 与"空间管控" 相结合的方式进行管理。

指标管控：指在各层次城市规划中对河湖水面率、河湖面积等指标进行规定，并逐级分解落实。

空间管控：指通过河道蓝线明确河道走向、河口宽度、陆域控制范围等内容。

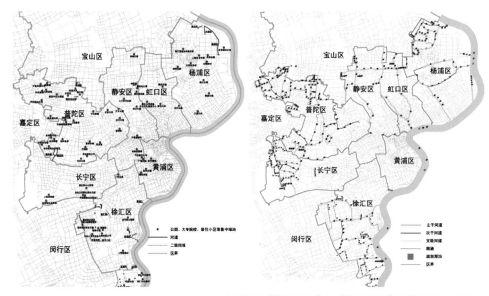

中心城区"指标管控"与"空间管控"河道布局示意图
"Index control" and "space control" river layout in central urban area

指标统筹
Index planning

■ **在保证河道功能及规模的前提下，应遵循"集约节约，水岸统筹；指标整合，水绿交融"的原则**
On the basis of ensuring river function and size, follow the principle of "intensive conservation, river bank planning; index integration, water-plant blend"

集约节约确定河道用地规模，骨干河道应满足流域及区域引排水需求，支级河道应满足区域排水及调蓄要求。

■ **统筹核算城镇建设区中河道及沿河陆域的绿地率和河湖水面率**
Plan and measure green space ratio and water surface ratio of rivers and riverfront land in urban construction areas

设置二级防汛墙的公共服务型河道（段）和生活服务型河道（段），一级防汛墙和二级防汛墙间以休闲、景观等绿化用地为主。这部分用地在常水位时为绿地，高水位时是水域用地，此为绿化和水域用地的空间叠加，既可计入绿地率，又可计入河道面积。

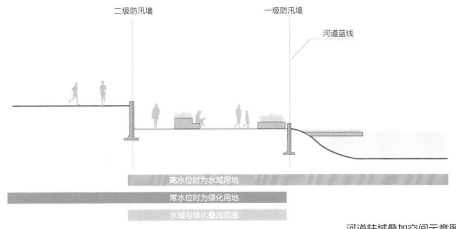

河道陆域叠加空间示意图
Overlapping space of riverfront land

- **合理确定非水域用地中的水面，统筹核算河道及沿河陆域的河湖水面率**
Reasonably determine water surface in non-waters land, plan and measure water surface ratio in rivers and riverfront land

城镇建设区内现状公园（G）、楔形绿地（G）、大专院校（C6）、居住用地（R）中的与外界连通河道水系在不改变原用地性质的前提下可计入区域河道面积。

案例分析：普陀区桃浦科技智慧城
Case: Taopu Sci-Tech City of Putuo District

2012年，根据上海市府相关精神，桃浦将建设成为创新发展示范区、中心城区新地标、产城融合新亮点。相关部门以桃浦大型功能性公共绿地规划建设为契机，开展桃浦科技智慧城相关规划。桃浦科技智慧城区规划设计大型中央绿地，自北向南，自东向西形成贯穿城区中心地带。通过加强中央绿地内蓝、绿空间的设计营造，提高区域河湖水面率，增加河道自然岸线，打造了层次丰富、功能多样的生态空间。桃浦科技智慧城区中的河道，一部分通过河道蓝线刚性管控落实，明确水域（E）用地；其余与外界连通的水系蕴藏在中央绿地（G）中，与公共绿地结合落实，不仅保证区域河湖水面率，亦实现水绿交融、提高地区空间灵动性。

案例分析：静安区"一河两岸滨水地区规划设计"中的防汛墙改造
Case: Flood control wall construction in "Waterfront Area Planning and Design of One River Two Banks" of Jing'an District

2015年10月，原静安、闸北两区合并。对接上海"卓越的全球城市"发展目标，新静安主动承担起建设"全球城市核心引领区"的战略发展使命，以"一轴三带"的崭新格局，立足新起点，把握新定位，打造新亮点。苏州河一河两岸地区成为静安区两岸空间缝合和功能整合的核心区域。具体改造内容包括滨水地区的总体布局、交通组织、历史文化风貌保护以及开放空间等内容。其中对区域内提出+5.20 m防汛标高（吴淞高程）必须围合贯通。护岸形式推荐为直立式和后退式两种，直立式护岸保持原防汛墙位置不变；后退式护岸需设置二级挡墙，一级挡墙建议维持原防汛墙位置，二级挡墙位置根据设计方案确定。

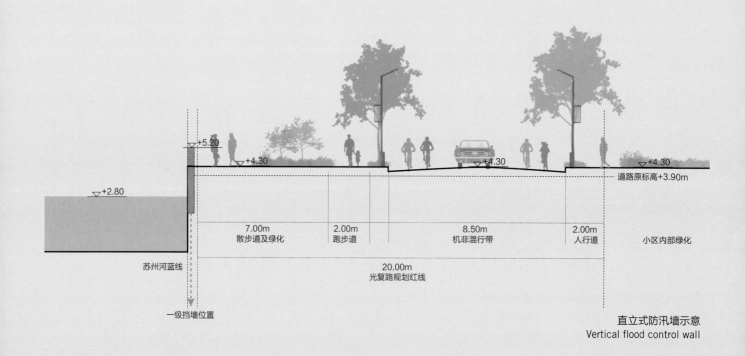

直立式防汛墙示意
Vertical flood control wall

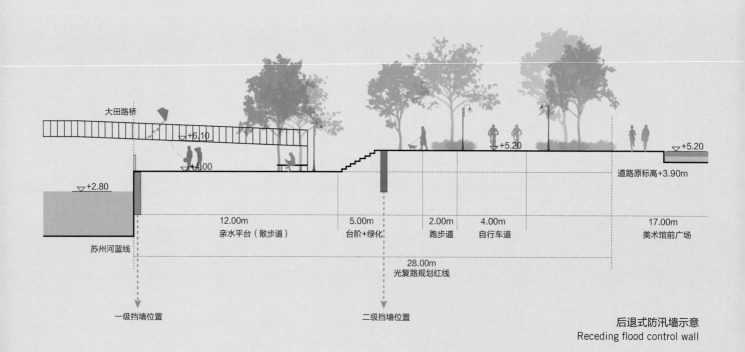

后退式防汛墙示意
Receding flood control wall

■ **在满足一定条件下，小型河道可不办理农用地转用和土地征收手续**
Under certain conditions, the formalities of farmland transference and land
expropriation may be exempted for small rivers

常水位水面宽度小于 6.0 m（河口宽小于 15.0 m）的小型河道，其护岸工程建设在减
少对河岸自然面貌和生态环境的破坏，坚持自然植被、生态方式为主建设，充分保障农
民利益的前提下，可不办理农用地转用和土地征收手续。

规划实施
Planning implementation

■ **因地制宜地开展河道方案设计，确保安全底线，做好水岸统筹，落实生态化要求**
Carry out river plan design according to local conditions, ensure the bottom
line of safety, make overall planning of river banks and implement ecological
requirements

河道两侧用地性质为绿地的区段，鼓励河道与绿地内水系连通，开展一体化设计，形成
自然蜿蜒的效果。

河道"实施线"因工程条件等因素无法按照河道蓝线实施的，可在保障规划河口宽度的
前提下对线形进行适当调整，调整幅度应控制规划在蓝线宽度的 15% 以内。同时，需
通过区域统筹确保规划河湖水面率不减少。

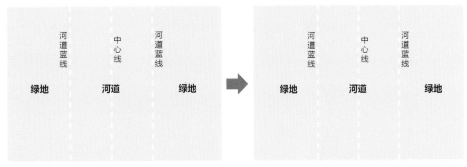

"水绿交融"的河道蓝线设计示意
"Water-plant blend" river blue line design

案例分析：崇明区运粮河
Case: Yunliang River of Chongming District

崇明区运粮河是城桥地区里一条支河，在一师附小河段建设时，规划蓝线划示工作与工程设计工作同期启动，根据崇明区"世界级生态岛"的发展
目标以及城桥地区排水情况，采用曲折蜿蜒河道蓝线，且在规划过程中实现了"水绿交融"。

崇明区运粮河

目标三：
智慧水务

积极引入智慧、新型的技术手段，实现河道的综合施策，创新治理。

Objective 3:
Smart water service

Introduce smart and new technologies, implement comprehensive measures and achieve innovative governance.

智慧运作
Smart operation

■ **形成管网、厂站、河道、泵闸四位一体的智慧运作格局**
Form an integrated smart operation structure consisting of pipe network, power station, river and pump gate

排口、管网、泵站、污水厂智慧管控：实时监测管道内水力条件、管道压力、水质情况等，连接控制平台，实现"厂、站、网"一体化智能管控运维。

泵、闸智能管控系统：实时监测泵、闸上下游的水力条件，连接控制平台，实现智能管控运维。

河道水质智能管控系统：实时监测河道内水力条件、水质情况等，并连接控制平台，实现曝气、动力循环等水质提升设施的一体化智能管控运维。

城市智慧水务示意图
Urban smart water service

智慧平台
Smart platform

■ **建立全市统一的河长制工作平台**
Establish city wide unified river chief system work platform

支撑河长实施和河湖常态化、精细化监管，建立全市统一的河长制工作平台（河长APP、河长管理办、公众号），基本实现"各级河长一管到底、河湖管理一网协调、河道要素一目了然、社会公众一键参与"；推进"互联网＋公共服务"，建设"上海河湖"随行服务系统，推进河湖基础数据在公共电子地图上的应用，逐步推进市区两级水环境管理应用。

护岸技术
Revetment technology

■ **积极探索实践新型护岸工程技术在河道水利工程中的应用**
Explore and practice the application of new revetment engineering technology in river water conservancy projects

开展护岸新材料的开发研究工作，推广安全耐久、生态友好、景观美学于一体的材料在河道护岸工程中的应用。

开展护岸设计工作，包括护岸材料、植物类型、结构形式、坡比形式等，加强对坡面稳定性、护岸生态系统恢复重建等的支撑。

3 实施与保障
IMPLEMENTATION AND GUARANTEE

第九章 CHAPTER 9

实施与保障
IMPLEMENTATION AND GUARANTEE

第九章

实施与保障

CHAPTER 9
IMPLEMENTATION AND
GUARANTEE

导则强调水陆统筹、水岸联动、水绿交融、水田交错，丰富"河长制"内涵，支撑河长制，促进河长治。

The guideline highlights water-land planning, water-bank connection, water-plant blend, water-farmland interweaving, enriches the connotation of "river chief system", supports river chief system and promotes long-term river governance.

1. 河长制
Executive director of the river

进一步落实河长制，塑造上海特色，突出"党政同责、突出水资源安全保障、突出河湖水面率控制，突出中小河道环境整治"。推进"一河一档、一河一策、一河一长"模式，完善市、区、街镇、村居四级河长体系，特别是区、街道乡镇级河长对其所在区域的河道治理和保护工作，形成河道及滨水空间整体设计及建设机制。

在各级总河长的领导下，鼓励各方共同参与河道及沿河陆域的设计与改造，协调各方诉求，解决河道及沿河陆域建设、使用和管理中出现的具体问题。

编制综合整治方案，推动河道周边环境专项整治、长效管理、执法监督等综合整治和管理保护工作，并对相关责任人进行目标考核，实行严格的追责制。

2. 规划引领
Planning guidance

■ **多规合一**
Multiple plan integration

依托上海市规划和自然资源局"多规合一"业务协同平台，协调统筹各部门在同一河道及沿河陆域内编制的各类专项规划，加强规划、水务、绿化、环保、农业、航运、建设、维护等相关管理部门在规划和工程设计、运行管理等方面的沟通协调。促进河道及沿河陆域规划、建设及管理方式转变，提高区域整体设计及建设标准。

■ **河道及沿河陆域评估**
River and riverfront land assessment

根据区域发展建设目标及分类分区，建立河道及沿河陆域评估指标体系，评估区域内规划建设现状情况，发现建设短板，明确目标任务，提出规划建设建议。

■ **编制河道及沿河陆域的规划建设方案**
Formulate planning and construction plan for river and riverfront land

按照以人为本、生态为先、安全为重、文化为魂的原则，编制河道及沿河陆域的规划建设方案，实现多规融合、水陆统筹、水绿交融、水岸和谐、土地集约节约利用等目标。

3. 综合治理
Comprehensive governance

■ 部门协同
Departmental collaboration

根据河道及沿河陆域规划建设管理不同阶段的不同需求，加强各级河长、湖长与规划资源、水务、生态环境、住建、交通、农业农村、绿化市容等管理部门的沟通协调。在各级总河长的统筹领导下，明确各部门管理职责和工作要求，促进河道及沿河陆域规划建设管理方式的转变，提高部门间协同管理水平。

■ 公众参与
Public participation

滨水建设工作强调开放包容，应充分调动河道所在区域管理者、滨水居民及社会公众参与滨水建设相关工作的积极性。

定期听取公众对滨水环境的意见，鼓励所在区域居民参与河道运营维护，充分发挥街道社区的力量，引导市民参与河道及沿河陆域空间的设计和维护，实现社会各界共享共治。

4. 保障机制
Safeguard mechanism

各相关职能部门建立科学合理的河道及沿河陆域综合保障机制，包括建设机制、激励机制、协商机制、资金保障、项目储备、动态更新机制等。

■ 建设机制
Construction mechanism

结合河道及沿河陆域规划建设方案，明确牵头和配合单位职责，完善沿线业主意见征询程序，制定设计与建设费用分担规则，履行管理维护责任等。

■ 激励机制
Incentive mechanism

建立评估体系，设立最佳奖项，鼓励符合本导则设计导向的规划建设设计方案，奖励对象应包括相应部门、基层政府、开发公司及设计师等。

对提供滨水开放空间、公共通道，并提供相应设施的沿线业主和商户进行奖励，奖励方式包括税收优惠、政府补贴，以及结合城市更新享受土地和规划奖励、政策优惠等。

■ 协商机制
Negotiation mechanism

搭建政府、开发商、沿线居民之间的沟通平台，鼓励各方共同参与河道及其沿河陆域的设计和改造，协调各方诉求，解决河道规划建设、使用和管理中出现的具体问题。

■ 资金保障
Fund guarantee

搭建河道及沿河陆域空间建设资金管理平台，成立专项资金（基金）委员会，筹集来自各级政府及管理部门的资金支持，分期分段水陆统筹建设。

统筹来自国家、流域、市区两级及社会对于同一河段的各项资金，进行专家论证，将资金有序使用到河道及沿河陆域空间的建设中。

加强市区两级的公共财政投入，鼓励社会资本参与河道及沿河陆域空间的规划建设和运营管理。

■ 项目储备
Project reserve

针对河道及沿河陆域建设，推行建立工程建设项目储备库，明确建设内容、建设时序，建立专项审批通道、优化审批程序、减少审批时限。

■ 动态更新机制
Dynamic updating mechanism

结合城市发展需求和河道及沿河陆域空间规划设计实践，不断丰富和完善本导则内容，定期对导则实施情况进行评估，适时启动导则的修订和更新，保持导则的科学性、前瞻性、引领性和可发展性。

附录
APPENDIX

相关法规、规范及规定

Relevant laws and regulations, specifications and other standard guidelines

相关法规
Relevant laws and regulations

《中华人民共和国水法》

《中华人民共和国防洪法》

《中华人民共和国航道法》

《中华人民共和国河道管理条例》

《太湖流域管理条例》

《上海市防汛条例》

《上海市河道管理条例》

《上海市航道管理条例》

《中华人民共和国航道法》

相关规范
Relevant specifications

《防洪标准》（GB 50201—2014）

《治涝标准》（SL 723—2016）

《城市水系规划规范》（GB 50513—2009）（2016 年版）

《城市水系规划导则》（SL 431—2008）

《城市防洪工程设计规范》（GB/T 50805—2012）

《堤防工程设计规范》（GB 50286—2013）

《堤防工程管理设计规范》（SL171—96）

《水利水电工程土工合成材料应用技术规范》（SL/T 225—98）

《水工混凝土结构设计规范》（SL 191—2008）

《地基基础设计规范》（DGJ 08—11—2010）

《建筑桩基技术规范》（JGJ 94—2008）

《水工建筑物抗震设计规范》（DL 5073—2000）

《地基处理技术规范》（DBJ 08—40—94）

《水利水电工程环境影响评价规范》（SDJ 302—88）

《水利建设项目经济评价规范》（SL 72—94）

《内河航道工程设计规范》（DG/TJ 08—2116—2012）

《内河通航安全标准》（GB 50139—2014）

其他
Other standard guidelines

《上海市河道绿化建设导则》

《上海市中小河道综合整治与长效管理导则》

《黄浦江两岸地区公共空间建设设计导则》

《一河两岸滨水地区规划设计导则》

《上海市城市更新规划土地实施细则》沪规土资详〔2017〕693号

《上海市中心城区近百年来水系演变调查与研究》华东师范大学，吴建平

《上海市河湖消除劣Ⅴ类"一河一策"方案编制工作大纲》沪河长办〔2018〕8号

上海规划主干河道

编号	河道名称	起讫点		河口宽度（m）	市级骨干航道及等级	备注
		起	迄			
1	黄浦江	三角渡	长江口	基本维持现状	三级	生态景观河道
2	吴淞江—苏州河	江苏省界	黄浦江	45～120	—	生态景观河道
3	太浦河	江苏省界	西泖河	180～320	长湖申线（三级）	生态景观河道
4	拦路港—泖河—斜塘	淀山湖	三角渡	180～460	苏申外港线（三级）	生态景观河道
5	大蒸塘—园泄泾	红旗塘	三角渡	102～222	杭申线（三级）	—
6	掘石港—大泖港	胥浦塘	黄浦江	90～280	平申线（三-四级）	生态景观河道
7	惠高泾	浙江省界	掘石港	27	—	—
8	淀山湖	—	—	基本维持现状	—	生态景观湖
9	元荡	—	—	基本维持现状	—	生态景观湖
10	潘泾	罗蕴河	蕴藻浜	47.5	—	—
11	罗蕴河	蕴藻浜	长江口	96	四级	规划新开，生态景观河道
12	横沥	浏河	连浦	20～60	—	—
13	盐铁塘	吴淞江	省界	55	—	生态景观河道
14	新槎浦	蕴藻浜	吴淞江	42.5～45	—	生态景观河道
15	练祁河	顾浦	长江口	30～57.5	—	—
16	嘉定城河	西半环～东半环		30～37.5	—	—
17	娄塘—蒲华塘	盐铁塘	罗蕴河	28～70	—	—
18	桃浦河—木渎港	蕴藻浜	苏州河	20～37	—	—
19	东茭泾—彭越浦	蕴藻浜	苏州河	20～26	—	—
20	西泗塘—俞泾浦—虹口港	蕴藻浜	黄浦江	20～30	—	—
21	南泗塘—沙泾港	蕴藻浜	虹口港	15～37	—	—
22	杨树浦港—虬江	黄浦江	黄浦江	22～35	—	—
23	走马塘	桃浦河	沙泾港	24	—	—
24	新泾港	苏州河	淀浦河	16.0～40.0	—	—
25	北横泾	苏州河	淀浦河	30～60	—	—
26	蒲汇塘	淀浦河	龙华港	24～40	—	—
27	漕河泾港—龙华港	新泾港	黄浦江	24～43	—	—
28	张家塘港	新泾港	黄浦江	20～28	—	—
29	北横泾	淀浦河	黄浦江	30～40	—	—
30	北竹港	淀浦河	黄浦江	26～50	—	生态景观河道
31	春申塘	北竹港	黄浦江	50～80	—	—
32	六磊塘	北泖泾	黄浦江	30～45	—	—
35	俞塘—女儿泾	黄浦江	黄浦江	30～50	—	—
34	北泖泾	淀浦河	黄浦江	26～60	—	—
35	新通波塘—通波塘	苏州河	黄浦江	30～120	—	—

续表

编号	河道名称	起讫点		河口宽度（m）	市级骨干航道及等级	备注
		起	迄			
36	油墩港	苏州河	横潦泾	70～140	四级	生态景观河道
37	西大盈港—华田泾	苏州河	泖河	35～80	—	—
38	新谊河	江苏省界	西界河	38～42	—	规划新开
39	赵家沟	黄浦江	长江口	60～160	三至四级	生态景观河道
40	张家浜	黄浦江	长江口	30～73	—	生态景观河道
41	川杨河	黄浦江	长江口	60～118	五级	生态景观河道
42	姚家浜—北横河	黄浦江	长江口	53～150	浦东运河至泐马河为大浦线（三级）	生态景观河道
43	大治河	黄浦江	长江口	100～300	大芦线（三级）	生态景观河道
44	肖塘港—宏伟河—淹港—人民港—团芦港—芦潮引河	千步泾	杭州湾	35～85	泐马河至五尺沟为大芦线（三级）	—
45	浦南运河	叶榭塘	泐马河	50～60	—	—
46	上横泾—运石河—人民塘随塘河	龙泉港	北横河	40～60	—	生态景观河道
47	泐马河	北横河	杭州湾	85～100	北横河至团芦港为大芦线（三级）	规划新开
48	浦东运河	嫩江河	团芦港	40～85	赵家沟至北横河为大浦线（三级）	生态景观河道
49	外环运河	长江口	大治河	44.5～73	—	规划新开，生态景观河道
50	咸塘港—航塘港	川杨河	杭州湾	35～55	—	航塘港为生态景观河道
51	金汇港	黄浦江	杭州湾	80～157	四级	生态景观河道
52	南竹港	黄浦江	杭州湾	55	—	生态景观河道
53	叶榭塘—龙泉港	黄浦江	杭州湾	70～100	龙泉港（五级）	生态景观河道
54	紫石泾—张泾河	黄浦江	黄姑塘	50～80	—	—
55	中运河	惠高泾	龙泉港	50	—	—
56	红旗港	浙江省界	龙泉港	50	—	—
57	小泖港—秀州塘	浙江省界	大泖港	33～110	—	—
58	胥浦塘	浙江省界	掘石港	90～133	平申线（三级）	生态景观河道
59	环岛河	长江口	长江口	78～110	—	生态景观河道
60	庙港	长江口南支	长江口北支	48～68	—	生态景观河道
61	鸽笼港	长江口南支	长江口北支	48～62	—	—
62	老滧港	长江口南支	长江口北支	48～62	—	生态景观河道
63	新河港	长江口南支	长江口北支	35～62	—	生态景观河道
64	堡镇港	长江口南支	长江口北支	48～58	—	生态景观河道
65	四滧港	长江口南支	长江口北支	48～62	—	—
66	六滧港	长江口南支	长江口北支	48～62	—	—
67	八滧港	长江口南支	长江口北支	48～62	—	生态景观河道
68	团旺河	长江口南支	长江口北支	62～88	—	生态景观河道
69	急水港	江苏省界	淀山湖	>100	苏申外港线（三级）	—
70	蕴藻浜	吴淞江	黄浦江	85～120	苏申内港线（三级）	生态景观河道
71	淀浦河	淀山湖	黄浦江	50～140	—	生态景观河道

上海规划次干河道

编号	河道名称	起讫点		河口宽度（m）	市级骨干航道及等级	备注
		起	迄			
1	北泗塘	马路河	蕰藻浜	基本维持现状	—	—
2	杨盛河	顾泾	蕰藻浜	35～50	—	—
3	荻泾	随塘河	潘泾	47.5～53	—	—
4	界泾	荻泾	蒲华塘	24～59	—	—
5	云长泾	东祁迁河	蕰藻浜	22	—	—
6	新泾	江苏省界	练祁河	45	—	—
7	孙浜	江苏省界	练祁河	30～36	—	—
8	漳浦	练祁河	蕰藻浜	45	—	—
9	吴塘	蕰藻浜	省界	36	—	—
10	顾浦	吴淞江	省界	30～39	—	—
11	郭泽塘	盐铁塘	省界	30～39	—	—
12	祁迁河	盐铁塘	横沥	37	—	—
13	东祁迁河	横沥	罗蕰河	55	—	规划新开
14	鸡鸣塘	鸡鸣塘（江苏）	练祁河	45	—	—
15	马陆塘	蕰藻浜	罗蕰河	36	—	—
16	湄浦	罗蕰河	北泗塘	30～45	—	—
17	西虬江	盐铁塘	桃浦河	32～37.5	—	—
18	连浦	蕰藻浜	中槎浦	22～30	—	—
19	吾尚塘	南横沥	中槎浦	28～30	—	—
20	中槎浦	蕰藻浜	新槎浦	30	—	—
21	封浜	蕰藻浜	吴淞江	42.5～45	—	—
22	西走马塘	中槎浦	桃浦河	36～40	—	—
23	沙浦	罗蕰河	北泗塘	18～24	—	—
24	顾泾	荻泾	长江口	22～24	—	—
25	马路河	荻泾	长江口	30～35	—	—
26	新河南浜	新槎浦	桃浦河	35～50	—	—
27	西弥浦	蕰藻浜	走马塘	26	—	—
28	龙珠港—大场浦	走马塘	真如港	26～43	—	—
29	真如港	桃浦河	苏州河	12～20	—	—
30	小吉浦	南泗塘	走马塘	8～30	—	—
31	经一河—纬六河—钱家浜	小吉浦	黄浦江	15～20	—	—
32	虬江	杨树浦港	东走马塘	>24	—	—
33	外环西河—北夏家浜	苏州河	新泾港	22	—	—
34	张正浦—周家浜	北横泾	新泾港	20～34	—	—
35	西界河—青虬江	苏州河	蟠龙港	20～60	—	—
36	蟠龙港	青虬江	北横泾	22	—	—
37	东上澳塘	漕河泾港	张家塘港	28～60	—	—
38	梅陇港	张家塘港	淀浦河	18～22	—	—
39	南虹港	北横泾	北横泾	20	—	—
40	小涞港	蟠龙港	淀浦河	60	—	生态景观河道

编号	河道名称	起讫点		河口宽度（m）	市级骨干航道及等级	备注
		起	迄			
41	横新港	北横泾	新泾港	30	—	—
42	杨树浦—庙桥港	淀浦河	北横泾	20 ~ 38	—	—
43	淡水河	春申塘	黄浦江	40 ~ 50	—	—
44	梅陇港	春申塘	淀浦河	24 ~ 36	—	—
45	北沙港	六磊塘	黄浦江	40 ~ 41	—	—
46	毛河泾—上达河—西向阳河	江苏省界	横潦泾	22.5 ~ 42	—	规划新开
47	老通波塘	油墩港	新通波塘	25 ~ 40	—	—
48	东大盈港—环城河	油墩港	淀浦河	24 ~ 65	—	—
49	朱昆河	江苏省界	淀浦河	37	—	—
50	朱泖河	淀浦河	东泖河	30 ~ 55	—	—
51	淀山港	拦路港	淀浦河	35 ~ 50	—	—
52	拓泽塘—官塘	淀浦河	油墩港	40 ~ 70	—	—
53	三官塘—长相泾	拓泽塘	老通波塘	25 ~ 45	—	—
54	莲墩港—长兴港	西大盈港	古浦塘	20 ~ 30	—	—
55	辰山塘—沈泾塘	三官塘	松江市河	40 ~ 60	—	—
56	洞泾港	淀浦河	黄浦江	32 ~ 40	—	—
57	砖新河	通波塘	北泖泾	30 ~ 35	—	—
58	古浦塘—松江市河—人民河	斜塘	新通波塘	20 ~ 40	—	—
59	松江盐铁塘	新通波塘	黄浦江	20 ~ 30	—	—
60	沈巷中心河	拦路港	华田泾	22.5	—	—
61	新塘港	淀山湖	西大盈港	≥ 32	—	—
62	高三港	黄浦江	高桥港	20 ~ 26	—	—
63	严家港	高浦港	长江口	32.5 ~ 41.5	—	—
64	高浦港	黄浦江	高三港	32.5 ~ 46.5	—	—
65	高桥港	黄浦江	外环运河	30.5 ~ 75	—	—
66	沈沙港	曹家沟	川杨河	40	—	—
67	三八河	黄浦江	川杨河	30 ~ 45	—	—
68	白莲泾	黄浦江	川杨河	≥ 36	—	—
69	马家浜	黄浦江	川杨河	40	—	—
70	曹家沟—宣六港—三团港	赵家沟	人民塘随塘河	30 ~ 60	—	三团港为生态景观河道
71	高南河—嫩江河	赵家沟	长江口	16 ~ 40	—	—
72	周浦塘—六灶港—潘家泓港	黄浦江	机场围场河	40 ~ 48	—	—
73	七灶港—施镇河	外环运河	机场围场河	30 ~ 45	—	—
74	随塘河	长江口	机场围场河	32 ~ 40	—	—
75	外环南河	黄浦江	机场围场河	35 ~ 60	—	—
76	瞿家港	外环运河	随塘河	20 ~ 30	—	—
77	机场围场河	海塘	海塘	24 ~ 35	—	—
78	盐铁塘—北三灶港—三灶路港	黄浦江	东引河	30 ~ 40	—	—
79	航卫港—惠新港—中港	三鲁河	东引河	30 ~ 50	—	—
80	杨思港—新桥港—三鲁河—泰青港	川杨河	团结塘	20 ~ 53	—	—
81	白龙港	北横河	芦潮引河	42 ~ 45	—	—
82	石皮泐港—D 港—滴水湖—A 港	浦东运河	杭州湾	45 ~ 70	—	滴水湖为生态景观湖
83	西引河—E 港	北横河	滴水湖	45 ~ 60	—	—

续表

编号	河道名称	起讫点		河口宽度（m）	市级骨干航道及等级	备注
		起	迄			
84	东引河—综—射—F 港	北横河	滴水湖	45～60	—	—
85	新中河—二号横河—西沿塘河	南沙港	航塘港	32	—	—
86	五尺沟—芦潮港	大治河	杭州湾	30～80	—	—
87	四团港—中港	三团港	杭州湾	32～62	—	—
88	洪庙港	奉新港	团结塘河	38	—	—
89	奉新港—南门港	大治河	杭州湾	42～60	—	—
90	南横泾	黄浦江	运石河	32	—	—
91	南沙港	黄浦江	上横泾	42	—	—
92	千步泾	黄浦江	浦南运河	20～60	—	—
93	团结塘河	金汇港	南汇界	35	—	—
94	后岗塘	张泾河	北运河	40	—	—
95	运港	南泖泾	叶榭塘	40	—	—
96	山塘河	六里塘	张泾河	50	—	—
97	新东海港	龙泉港	运石河	70	五级	—
98	南泖泾—新泾塘—战斗港	黄浦江	杭州湾	40	—	—
99	石池泾—北运河	掘石港	南泖泾	40～50	—	—
100	张泾河	大泖港	紫石泾	40～50	—	—
101	新张泾	张泾河	省界	40～50	—	—
102	白泾河	新张泾	黄姑塘	40	—	—
103	黄姑塘—卫城河—老龙泉港	省界	龙泉港	40～50	—	—
104	六里塘	胥浦塘	浙江省界	51～75	—	—
105	吕巷塘	六里塘	惠高泾	24	—	—
106	大茫塘	胥浦塘	浙江省界	21～31	—	—
107	面杖港	秀州塘	浙江省界	≥40	—	—
108	徐泾港	秀州塘	浙江省界	21～25	—	—
109	斜塘港	茹塘	浙江省界	21～30	—	—
110	五人港	秀州塘	大茫塘	21～23	—	—
111	黄桥港	横潦泾	秀州塘	30～50	—	—
112	北石塘—茹塘—七仙泾	园泄泾	秀州塘	50～120	—	—
113	蒲泽塘—向荡港	茹塘	浙江省界	80～90	—	—
114	黄良浦港—白牛塘	向荡港	浙江省界	42～80	—	—
115	范塘—南湾港—南界泾	茹塘	浙江省界	56～80	—	—
116	张文荡—潮里泾	浙江省界	浙江省界	43～85	—	—
117	泖阳港	东塘港	大蒸港	32	—	—
118	俞汇塘	大蒸港	省界	60～120	—	—
119	东塘港—西塘港	西泖河	浙江省界	35	—	—
120	南横港	大漾港	拦路港	30～66	—	—
121	莲胜竖河	北横港	太浦河	>34	—	—
122	北横港—火泽荡	太浦河	拦路港	>35	—	—
123	石塘港	淀山湖	北横港	30	—	—
124	汪洋港	急水港	汪洋荡	60～176	—	—
125	许七江	急水港	淀山湖	33	—	—
126	新建河	长江口南支	长江口北支	48～62	—	—
127	仓房港	南横引河	北横引河	35	—	—

续表

编号	河道名称	起讫点		河口宽度（m）	市级骨干航道及等级	备注
		起	迄			
128	白港	南横引河	北横引河	14.7 ~ 35	—	—
129	界河	南横引河	长江口北支	32 ~ 58	—	—
130	太平竖河	长江口南大堤	北横引河	35	—	—
131	三沙洪	长江口南支	北横引河	35 ~ 68	—	—
132	张网港	长江口南支	长江口北大堤	30 ~ 56	—	—
133	东平河	长江口南支	长江口北支	48 ~ 62	—	—
134	相见港	南横引河	二通沙中心河	24 ~ 35	—	—
135	直河港	南横引河	张涨港	40	—	—
136	张涨港	南横引河	长江口北支	28 ~ 58	—	—
137	小漾港	长江口南大堤	长江口北大堤	27 ~ 35	—	—
138	渡港	长江口南大堤	长江口北大堤	25 ~ 35	—	—
139	七溆港	长江口南大堤	长江口北大堤	35	—	—
140	前哨闸河	南横引河	奚家港	35	—	—
141	奚家港	长江口南支	北横引河	35 ~ 54	—	—
142	轴线河	奚家港	团旺河	50	—	—
143	横河	南环河	横河连接段	30 ~ 54	—	—
144	南环河	长江南港	横沙小港	20 ~ 50	—	—
145	北环河	青草沙泵站	园沙河	50	—	—
146	潘石港	北环河	长江口	44	—	—
147	马家港	北环河	长江口	25 ~ 40	—	—
148	双孔水闸河	横河	长江口	40	—	—
149	跃进河	长江口	永丰圩河	32 ~ 60	—	—
150	环河	文兴河	红星河	30 ~ 50	—	—
151	创建河	横沙小港	西环河	40	—	—
152	红星河	西环河	东环河	40	—	—
153	新民河	长江口	东环河	40	—	—
154	文兴河	长江口	东环河	40	—	—
155	运石河	战斗港	南竹港	40	—	—